数学实验

刘 元 主编

天津大学出版社
TIANJIN UNIVERSITY PRESS

图书在版编目(CIP)数据

数学实验 / 刘元主编. —天津：天津大学出版社，
2019.8（2022.9重印）

ISBN 978-7-5618-6477-7

Ⅰ.①数… Ⅱ.①刘… Ⅲ.①高等数学－实验－高等
学校－教材 Ⅳ.①013-33

中国版本图书馆CIP数据核字(2019)第165649号

出版发行	天津大学出版社
地　　址	天津市卫津路92号天津大学内(邮编:300072)
电　　话	发行部:022-27403647
网　　址	publish.tju.edu.cn
印　　刷	廊坊市海涛印刷有限公司
经　　销	全国各地新华书店
开　　本	185mm×260mm
印　　张	11.75
字　　数	293千
版　　次	2019年8月第1版
印　　次	2022年9月第3次
定　　价	32.00元

前　　言

当今社会,数学理论已经发展得十分完善,各种数学工具对现实的生产显示出很强的指导作用.然而,在数学的理论工具与实际的结合工程中,效率低下的传统手工计算方法成为最大的障碍.随着计算机技术的进步,各种数学软件也如雨后春笋般展示出勃勃生机.

MATLAB 是 Matrix Laboratory 的缩写,是由美国 MathWorks 公司推出的,是目前最优秀的科学应用软件之一.它将计算、可视化和编程等功能同时集于一个易于开发的环境.MATLAB 是一个交互式开发系统,其基本数据要素是矩阵.它的表达式与数学、工程计算中常用的形式十分相似,符合专业科技人员的思维方式和书写习惯;它用解释方式工作,编写程序和运行同步,键入程序后会立即得到结果,因此使得人机交互更加简捷和智能化;它还适用于多种平台,随计算机软、硬件的更新而及时升级,使得编程和测试效率大大提高.

MATLAB 语法规则简单,容易掌握,调试方便.调试过程中可以设置断点,存储中间结果,从而很快查出程序中的错误.学习并掌握 MATLAB,有助于将人们从繁重的数学计算中解脱出来,把更多的精力投入到数学理论的学习和研究中.

MATLAB 主要用于数学计算、系统建模与仿真、数据分析与可视化、科学工程绘图和用户界面设计等.它已经成为高等数学、线性代数、自动控制理论、数理统计、数字信号处理等课程的基本工具,各国高校也纷纷将 MAT-LAB 正式列入本科生和研究生课程的教学计划,使其成为学生必须掌握的基本软件之一.在设计和研究部门,MATLAB 也被广泛应用于研究和解决各种工程问题.

本书以 MATLAB7.0 为平台,具有如下特点.

1.通俗易懂,实例清晰

本书由浅入深,通俗地介绍了 MATLAB 软件的使用,并配有大量的实例说明每个命令的调用方式,通过使用使读者深入掌握 MATLAB,极大地提高学习兴趣.

2. 精心编排,启迪应用灵感

本书在讲解 MATLAB 的基本知识以后,重点讲解了 MATLAB 在线性代数、高等数学、概率统计方面的应用,精心选择了有代表性的实例,使读者做到学以致用.

全书共分为 6 章.

第 1 章 介绍 MATLAB 的基础知识,主要包括 MATLAB 的工作环境,数据类型,矩阵和向量的运算与元素操作,字符串的处理,元胞数组的处理,结构体数组的处理以及程序设计中常用的语句和命令.

第 2 章 介绍 MATLAB 绘图,主要包括平面曲线和空间曲线的绘制方法,空间曲面的绘制方法,二维、三维特殊图形的绘制方法以及图形图像的处理.

第 3 章 介绍 MATLAB 在线性代数课程中的应用,主要包括矩阵的一些基本运算、向量组相关性的判断、线性方程组的求解、矩阵的特征值和特征向量的求解以及如何将二次型转换为标准二次型.

第 4 章 介绍 MATLAB 在高等数学课程中的应用,主要包括符号运算、一元函数微积分、多元函数微积分、微分方程的理论解和数值解以及函数的零点和极值点.

第 5 章 介绍 MATLAB 在概率论与数理统计课程中的应用,主要包括概率统计中常用命令的调用方式,方差分析,参数估计以及假设检验.

第 6 章 介绍 MATLAB 在插值、拟合方面的应用,包括一元插值函数、二元插值函数、线性拟合、稳健回归函数拟合、多项式拟合、最小二乘拟合、自定义函数拟合.

在本书的编写过程中,得到了天津大学仁爱学院数学部领导的大力支持,同时也得到了数学部同人的热情帮助,各位同人对本书的编写提出了宝贵的意见和建议,在此,谨向他们表示诚挚的感谢.

由于编者水平有限,错误和不妥之处在所难免,恳请广大读者和各位同行批评指正.

编者

2019 年 4 月

目　　录

第 1 章　MATLAB 基础 ·· 1

 1.1　MATLAB 7.0 简介 ·· 1

 1.2　MATLAB 7.0 工作环境 ······································ 2

 1.3　MATLAB7.0 帮助系统 ······································ 14

 1.4　MATLAB7.0 常用文件格式 ·································· 15

 1.5　MATLAB 7.0 的数据类型 ··································· 16

 1.6　矩阵和向量的运算 ··· 19

 1.7　字符串 ··· 31

 1.8　单元数组 ··· 34

 1.9　结构体数组 ··· 40

 1.10　程序设计 ·· 42

习题 1 ·· 56

第 2 章　MATLAB 绘图 ·· 57

 2.1　二维图形 ··· 57

 2.2　三维图形 ··· 71

 2.3　特殊图形 ··· 76

 2.4　图形处理 ··· 86

习题 2 ·· 90

第 3 章　线性代数相关运算 ······································ 91

 3.1　多项式 ··· 91

 3.2　矩阵运算 ··· 93

 3.3　向量组的线性相关性 ······································· 95

 3.4　求解线性方程组 ·· 96

 3.5　矩阵的相似对角化 ··· 99

 3.6　二次型 ··· 99

习题 3 ·· 101

第 4 章　高等数学相关运算 ······································ 102

 4.1　符号变量 ··· 102

 4.2　符号微积分 ··· 108

4.3　级数 ··· 115

4.4　常微分方程 ··· 118

4.5　函数的零点以及极值 ····························· 125

习题 4 ··· 130

第 5 章　概率论与数理统计相关运算 ················· 132

5.1　概率与统计预备知识 ····························· 132

5.2　概率函数 ··· 135

5.3　统计函数 ··· 142

习题 5 ··· 159

第 6 章　插值、拟合 ······································· 161

6.1　插值 ·· 161

6.2　曲线拟合 ··· 169

习题 6 ··· 179

参考文献 ·· 180

第 1 章　MATLAB 基础

1.1　MATLAB 7.0 简介

MATLAB 是 Matrix Laboratory 的缩写,是目前最优秀的科学应用软件之一. 它将计算、可视化和编程等功能同时集于一个易于开发的环境. MATLAB 是一个交互式开发系统,其基本数据要素是矩阵. 它的表达式与数学、工程计算中常用的形式十分相似,符合专业科技人员的思维方式和书写习惯;它用解释方式工作,编写程序和运行同步,键入程序后会立即得到结果,因此使得人机交互更加简捷和智能化;它还适用于多种平台,随计算机软、硬件的更新而及时升级,使得编程和测试效率大大提高.

MATLAB 主要用于数学计算、系统建模与仿真、数据分析与可视化、科学工程绘图和用户界面设计等. 它已经成为高等数学、线性代数、自动控制理论、数理统计、数字信号处理等课程的基本工具,各国高校也纷纷将 MATLAB 正式列入本科生和研究生的课程教学计划,使其成为学生必须掌握的基本软件之一. 在设计和研究部门, MAT-LAB 也被广泛应用于研究和解决各种工程问题. 本书将以 MATLAB 7.0 平台为基础进行介绍.

1.1.1　MATLAB 系统结构

MATLAB 系统由 MATLAB 开发环境、MATLAB 语言、MATLAB 数学函数库、MAT-LAB 图形处理系统和 MATLAB 应用程序接口(API)5 大部分组成.

(1)MATLAB 开发环境是一个集成的工作环境,包括 MATLAB 命令窗口、文件编辑调试器、工作空间、数组编辑器和在线帮助文档等.

(2)MATLAB 语言具有程序流程控制、函数、数据结构、输入输出和面向对象编程等特点,是基于矩阵 / 数组的语言.

(3)MATLAB 数学函数库包含大量的计算算法,如基本函数、矩阵运算和复数运算等.

(4)MATLAB 图形处理系统能够将二维和三维数组的数据用图形表示出来,并可以实现图像处理、动画显示和表达式作图等功能.

(5)MATLAB 应用程序接口使 MATLAB 语言能与其他编程语言进行交互.

1.1.2　MATLAB 工具箱

MATLAB 工具箱(Toolbox)是一个专业家族产品. MATLAB 工具箱实际上是 MATLAB 的 M 文件和高级 MATLAB 语言的集合,用于解决某一方面的专业问题或实现某一类的新算法. MATLAB 工具箱可以任意增减,可以给不同领域的用户提供丰富和强大的功能. 每个人都可以生成自己的工具箱,因此很多研究成果被直接做成 MATLAB 工具箱发布,而且很多免费的 MATLAB 工具箱可以直接在网上获得.

MATLAB 常用工具箱如表 1-1 所示.

表 1-1　MATLAB 常用工具箱

分类	工具箱
控制类	控制系统工具箱(Control System Toolbox) 系统辨识工具箱(System Identification Toolbox) 神经网络工具箱(Neural Network Toolbox) 模糊逻辑工具箱(Fuzzy Logic Toolbox) 模型预测控制工具箱(Model Predictive Control Toolbox) 频域系统辨识工具箱(Frequency Domain System Identification Toolbox) 鲁棒控制工具箱(Robust Control Toolbox)
信号处理类	信号处理工具箱(Signal Processing Toolbox) 小波分析工具箱(Wavelet Toolbox) 通信工具箱(Communication Toolbox) 滤波器设计工具箱(Filter Design Toolbox)
应用数学类	优化工具箱(Optimization Toolbox) 偏微分方程工具箱(Partial Differential Equation Toolbox) 统计工具箱(Statistics Toolbox)
其他	符号数学工具箱(Symbolic Math Toolbox) 图像处理工具箱(Image Processing Toolbox)

1.2　MATLAB 7.0 工作环境

MATLAB 既是一种计算机语言,又是一个编程环境.本节将介绍 MATLAB 提供的方便用户输入输出数据、管理变量以及编写运行 M 文件的环境.

MATLAB 启动后的运行界面称为 MATLAB 的工作界面(MATLAB Desktop).它是一个高度集成的工作界面,主要由菜单、工具栏、当前目录浏览器窗口、工作空间浏览器窗口、命令历史窗口和命令窗口组成.MATLAB 默认的工作界面如图 1-1 所示.

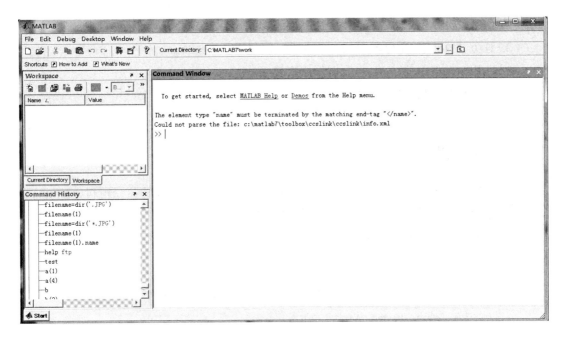

图 1-1　MATLAB 默认的工作界面

1.2.1　菜单和工具栏

1. 菜单

MATLAB 的菜单包括"File""Edit""Debug""Desktop""Window"和"Help".另外,MATLAB 还会根据不同的窗口增加一些浮动菜单,例如当选择工作空间浏览器窗口时会增加"View"和"Graphics"菜单,用来设置工作空间浏览器的显示.

（1）File 菜单:用于对文件进行操作.

（2）Edit 菜单:各项功能与 Windows 程序功能相似.

（3）Debug 菜单:各项功能用于调试程序.

（4）Desktop 菜单:各菜单项用于设置 MATLAB 工作界面中窗口的显示.

（5）Window 菜单:提供在已打开的各窗口之间切换的功能.

（6）Help 菜单:用于进入不同的帮助系统.

2. 工具栏

工具栏在编程环境下提供了对常用命令的快速访问，MATLAB 7.0 的默认工具栏如图 1-2 所示,当鼠标停留在工具栏按钮上时,就会显示该工具按钮的功能.

图 1-2　工具栏按钮

其中,按钮控件从左至右依次的功能如下:

3

（1）新建或打开一个 MATLAB 文件；

（2）剪切、复制或粘贴已选中的对象,撤销、恢复上一次操作；

（3）打开 Simulink 主窗口,打开图形用户界面；

（4）打开 MATLAB 帮助系统；

（5）设置当前路径.

1.2.2 命令窗口

MATLAB 有许多使用方法,但是首先需要掌握的是 MATLAB 的命令窗口（Command Window）的基本表现形式和操作方式,可以把命令窗口看成"草本稿"或"计算器". 在命令窗口输入 MATLAB 命令和数据后按回车键, MATLAB 会立即执行该运算并显示结果. MATLAB 命令窗口如图 1-3 所示.

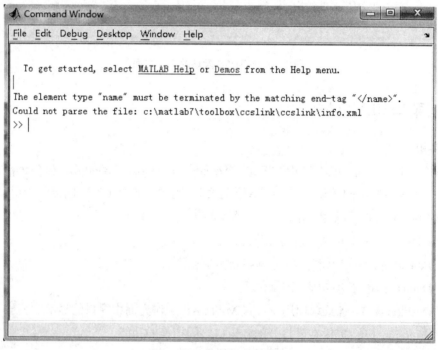

图 1-3 MATLAB 命令窗口

对于简单的问题或一次性问题,在命令窗口中直接输入求解很方便;若求解复杂问题仍然采用这种方法（输入一行,执行一行）,就显得很烦琐、笨拙. 这时可在编辑／调试器中编写 M 文件（工具栏左侧第一个按钮,后面章节会详细介绍）,即将语句一次性全部写入文件,并将该文件保存到 MATLAB 搜索路径的目录上. 如果想调用这些语句,只需要将该语句所在的文件名写入命令窗口即可（注意:在命令窗口中键入该文件名时不能加后缀".m"）.

1. 命令行的语句格式

MATLAB 命令窗口中的语句格式：

>> 变量名 = 表达式；

例 1-1 在命令窗口中输入命令，并查看结果.

解 MATLAB 命令及结果：

```
>>a=3+9          % 数值计算
a=
      12
>>b='abcd'       % 字符串
b=
      abcd
>>c=sin( pi/2 )+exp( 2 );   % 命令后边加分号表示抑制结果的显示
>>if c<0
      d=true       %true 表示真,显示结果为 1
   else
      e=true
   end
e=
      1
```

说明

（1）命令窗口中每个命令行前会出现提示符"">>"",没有"">>""符号的行则显示运行结果.

（2）命令窗口内不同的命令采用不同的颜色,默认输入的命令、表达式以及计算结果等采用黑色字体,字符串采用赭红色字体,关键字采用蓝色字体,注释采用绿色字体. 如例 1-1 中的变量 a 是数值, b 是字符串, e 为逻辑 true,命令行中的"if""else""end"为关键字,"%" 后面的为注释.

（3）命令行后面加分号"；"（注意 MATLAB 中的标点符号必须为英文格式）表示不显示结果,当把分号省略时,运行结果会在命令窗口中显示.

（4）MATLAB 变量名区分字母大小写,例如 myvar 和 Myvar 表示的是两个不同的变量名,变量名最多可以包含 63 个字符,并且第一个字符必须是英文字母.

（5）在命令窗口中如果输入命令或函数的开头一个或几个字母,按"Tab"键则会出现以该字母开头的所有命令或函数列表,例如输入"solve"命令的开头两个字母"so",然后按 "Tab"键,结果如图 1-4 所示.

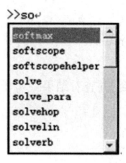

图 1-4 Tab 键作用

2. 命令窗口中命令行的编辑

在 MATLAB 命令窗口中不仅可以对输入的命令进行编辑和运行,而且使用编辑键和组合键可以对已经输入的命令进行回调、编辑和重运行. 命令窗口中编辑的常用操作键如表 1-2 所示.

表 1-2 命令窗口中编辑的常用操作键

键盘操作	快捷键	功能	键盘操作	快捷键	功能
↑	Ctrl+P	调用前一个命令	Home	Ctrl+A	光标移至行首
↓	Ctrl+N	调用后一个命令	End	Ctrl+E	光标移至行尾
→	Ctrl+F	光标右移一个字符	Esc	Ctrl+U	清除当前行
←	Ctrl+B	光标左移一个字符			

3. 数值计算结果的显示格式

在命令窗口中,默认情况下,当数值为整数时,数值计算结果以整数显示;当数值为实数时,以小数点后 4 位有效数字的形式显示,即以"short"数值的格式显示,如果数值的有效数字超出了"short"数值类型的范围,则以科学计数法表示结果. 需要注意的是,数值的显示精度并不代表数值的存储精度.

例 1-2 在命令窗口中输入数值,查看不同的显示格式,并分析各个格式之间有什么相同与不同之处.

解 MATLAB 命令及运行结果:

>>x=pi

x=

3.1416

>> y=100000*pi   % 超出了"short"数值类型的范围,用科学计数法的形式显示

y =

3.1416e+05   %e+05 表示 10 的 5 次方

用户可以根据需要,对数值计算结果的显示格式和字体风格、大小、颜色等进行设置,方法如下:

6

一种方法是在 MATLAB 的界面中选择菜单"File"→"Preference",则会出现"参数设置"对话框,在对话框的左栏选中"Command Window"项,在右边的"Numeric Format"栏设置数据的显示格式.

例如:

>>x=pi   % 在"Numeric Format"栏设置数据显示格式为"long"

x=

   3.14159265358979

另一种方法是直接在命令窗口中使用"format"指令进行数值显示格式的设置. format 的语法格式:

format 格式描述,变量

例如:

>>format long e,x   % 用科学计数法表示 x

x=

   3.141592653589793e+000

format 的数据显示格式如表 1-3 所示.

表 1-3 format 的数据显示格式

命令格式	含义	命令	显示结果
format short	小数点后 4 位有效数字;大于 1000 的实数,用 5 位有效数字的科学计数法表示	format short,pi format short,pi*1000	3.1416 3.1416e+003
format long	15 位有效数字显示	format long, pi	3.14159265358979
format short e	5 位有效数字的科学计数法表示	format short e, pi	3.1416e+000
format long e	15 位有效数字的科学计数法表示	format long e, pi	3.14159265358979e+000
format short g	从 format short 和 format short e 中自动选择一种最佳计数方式	format short g, pi	3.1416
format long g	从 format long 和 format long e 中自动选择一种最佳计数方式	format long g, pi	3.14159265358979
format rat	近似分数显示	format rat,pi	355/133
format hex	十六进制表示	format hex,pi	400921fb54442d18
format +	整数、负数、零分别用 +、−、空格表示	format +,pi format +,−pi format +,0	+ − 空格
format bank	元、角、分	format bank, pi	3.14
format compact	显示结果之间没有空行的紧凑格式		
format loose	显示结果之间有空行的稀疏格式		

4. 命令窗口常用命令

命令窗口常用命令见表 1-4.

表 1-4　命令窗口常用命令

命令	说明
clc	清空命令窗口中的所有显示内容,内存中存储的数据未改变
clear	清除内存中的所有变量和函数
clf	清除图形窗口
who	列出当前内存中变量的名称
whos	列出当前内存中变量的名称、大小和类型等信息
help	列出所有最基础的帮助主题

1.2.3　命令历史窗口

命令历史(Command History)窗口默认出现在 MATLAB 工作界面的左下侧,用来记录并显示已经运行过的命令、函数和表达式. 在默认设置下,该窗口会显示自安装以来所有使用过的命令的历史记录,并标明每次开启 MATLAB 的时间. 在命令历史窗口选中某个命令并单击鼠标右键可显示该命令的一些常用操作,具体如下.

（1）Copy:复制.

（2）Evaluate Selection:执行所选命令,并将结果显示在命令窗口中.

（3）Create M-file:创建并生成 M 文件.

（4）Delete Selection:删除所选命令行.

（5）Delete to Selection:从当前行删除到所选命令行.

（6）Delete Entire History:清除全部历史命令.

1.2.4　当前目录浏览器窗口和路径设置

当前目录浏览器窗口(Command Directory Browser)默认出现在 MATLAB 工作界面左上侧的后台,如图 1-1 所示. 在使用 MATLAB 的过程中,为方便管理,用户应当建立自己的工作目录,即"用户目录",用来保护自己创建的相关文件.

用户可以在 MATLAB 工作界面上方中间位置的 Current Directory 设置当前目录. 另外,在 MATLAB 工作界面左上方的 Current Directory 显示了当前目录下的 M 文件、MAT 文件、MDL 文件等文件信息.

1.2.5　工作空间浏览器窗口和数组编辑器窗口

工作空间浏览器(Workspace Browser)窗口默认出现在 MATLAB 工作界面的左上侧,

以列表的形式显示 MATLAB 工作区中当前所有变量的名称及属性,包括变量的类型、长度及其占用的空间大小.

在默认情况下,数组编辑器不随 MATLAB 工作界面的出现而启动,启动数组编辑器的方法有:

（1）在工作空间浏览器窗口中双击变量;

（2）在工作空间浏览器窗口中选择变量,按鼠标右键,在快捷菜单中选择"open…"按钮;

（3）在工作空间浏览器窗口按鼠标右键,选择 new 选项创建新矩阵.

1.2.6 M 文件编辑 / 调试器窗口

对于简单的问题和一次性问题,通过命令窗口直接输入一组命令求解比较简便、快捷,但是当待解决的问题所需要的命令较多且命令比较复杂,或当一组命令通过改变少量参数就可以反复被使用去解决不同的问题时,就需要利用 M 文件来解决.

MATLAB 通过自带的 M 文件编辑 / 调试器（Editor/Debugger）来创建和编辑 M 文件. M 文件类似于其他高级语言的源程序. M 文件编辑器可以对 M 文件进行编辑和调试,也可以阅读和编辑其他 ASCII 码文件. M 文件编辑 / 调试器窗口由菜单栏、工具栏和文本编辑区等组成,是标准的 Windows 风格,如图 1-5 所示.

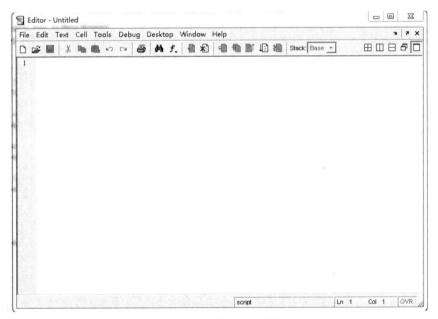

图 1-5 M 文件编辑 / 调试器窗口

在编写 M 文件时会启动 M 文件编辑 / 调试器窗口,进入 MATLAB 文件编辑器的方法如下:

（1）单击 MATLAB 工具栏上的图标□,打开空白 M 文件编辑器;

（2）单击 MATLAB 工具栏上的图标☞,填写所选文件名后,单击"打开"按钮,即可展

9

示相应的 M 文件编辑器;

（3）用鼠标左键双击当前目录窗口中的所需 M 文件,可直接打开相应的 M 文件编辑器.

1. M 命令文件和 M 函数文件

M 文件包括 M 命令文件(又称脚本文件)和 M 函数文件. 就文件结构而言, M 命令文件和 M 函数文件的区别是 M 命令文件没有函数声明行.

1）M 命令文件

M 命令文件比较简单,命令格式和前后位置与命令窗口中的命令行都相同.

说明

（1）MATLAB 在运行 M 命令文件时,只是简单地按照顺序从文件中读取命令,送到命令窗口去执行.

（2）M 命令文件运行产生的变量都驻留在工作空间中,可以很方便地查看变量,在命令窗口中运行的命令也可以使用这些变量.

（3）M 命令文件的命令可以访问工作空间中的所有数据,因此要注意避免工作空间和命令文件中的同名变量相互覆盖,一般在 M 命令文件的开头使用"clear"命令清除工作空间的变量.

例 1-3 编写程序画出衰减振荡曲线 $y = \mathrm{e}^{-\frac{t}{3}}\sin 3t$ 及其包络线 $y_0 = \mathrm{e}^{-\frac{t}{3}}$, t 的取值范围是 $[0, 4\pi]$.

解 MATLAB 命令:

```
t=0:pi/50:4*pi;
y0=exp( -t/3 );
y=exp( -t/3 ).*sin( 3*t );
plot( t,y,'r',t,y0,':b',t,-y0,':b' )
```

运行结果如图 1-6 所示.

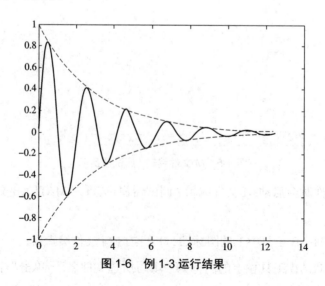

图 1-6　例 1-3 运行结果

10

程序分析:将 M 文件保存在用户自己的工作目录下,命名为"exp1_3".路径可以通过 MATLAB 界面中的"Current Directory"进行设置.

运行程序方法:

(1)在命令窗口输入命令文件的文件名"exp1_3"(注意不能加后缀".m",否则不能运行);

(2)在 MATLAB 编辑/调试器窗口菜单中点击"Debug"→"Run"或者直接按快捷键 F5 或点击工具栏中的 按钮.

2)M 函数文件

M 函数文件稍微复杂一些,可以有一个或多个函数,每个函数以函数声明行开头,使用 M 函数文件可以将大的任务分成多个小的子任务,每个函数实现一个独立的子任务,通过函数间的相互调用完成复杂的功能,具有程序代码模块化、易于维护和修改的优点.

函数声明格式

function [输出参数列表]= 函数名(输入参数列表)

说明

(1)M 函数文件中函数声明 function 必不可少.

(2)M 函数文件在运行过程中产生的变量都存放在函数本身的工作空间中,函数的工作空间是独立的、临时的,随函数文件的调用而产生,并随调用结束而删除. 在 MATLAB 运行过程中如果运行多个函数,则会产生多个临时函数空间.

(3)当文件执行完最后一条命令或遇到"return"命令时,函数结束运行,同时函数空间的变量被清除.

(4)一个 M 函数文件至少要定义一个函数.

(5)函数名是函数的名称,保存时函数名和文件名最好一致;当不一致时,MATLAB 以文件名为准. 函数名的命名准则与变量一致.

(6)输入参数列表是函数接受的输入参数,多个输入参数之间用","隔开.

(7)输出参数列表是函数运算的结果,多个输出参数之间用","隔开.

例 1-4 编写程序,通过输入不同的 a, b, c 值来求方程 $ax^2 + bx + c = 0$ 的解.

解 MATLAB 命令:

```
function y=jiefun( a,b,c )
if a==0
    disp( 'this is not a quadratic.' )
else
    deta=b^2-4*a*c;
    if deta==0
        disp( 'The function has two equal roots.' )
```

```
            y=-b/( 2*a );
        elseif deta>0
            x1=( -b+sqrt( deta ))/( 2*a );
            x2=( -b-sqrt( deta ))/( 2*a );
            disp( 'The function has distinct real roots.' )
            y=[x1,x2];
        else
            realpart=-b/( 2*a );
            impart=sqrt( -deta )/( 2*a );
            disp( 'The function has two complex roots.' )
            y=[realpart+impart*i,realpart-impart*i];
        end
    end
```

在命令窗口中调用函数文件计算 jiefun(1,2,1),jiefun(1,2,2),jiefun(2,6,1),运行结果如下:

```
>> jiefun( 1,2,1 )
The function has two equal roots.
ans =
    -1
>> jiefun( 1,2,2 )
The function has two complex roots.
ans =
    -1.0000 + 1.0000i     -1.0000 - 1.0000i
>> jiefun( 2,6,1 )
The function has distinct real roots.
ans =
    -0.1771    -2.8229
```

上述是 M 函数的定义方式,但对于一些简单的函数,或将字符函数转化为数值函数,就需要以下几种函数定义的方式,具体命令格式见表 1-5.

表 1-5　函数的其他表示形式

命令	说明
fun=inline('funstr','var')	定义内联函数,其中 funstr 是函数的表达式, var 是自变量,可以有一个自变量,也可以有多个自变量
fun=@(var)funstr	定义匿名函数,var 与 funstr 的定义同上
fun=@myfun	定义一个函数句柄,myfun 是函数的文件名

内联函数(inline function)是一种构造函数对象的方法.在命令窗口、程序或函数中创建局部函数时,通过使用 inline 构造函数,而不用将其储存为一个 M 文件,同时又可以像使用一般函数那样调用它.由于内联函数是储存于内存中而不是在 M 文件中,省去了文件访问的时间,加快了程序的运行效率.虽然内联函数有 M 文件不具备的一些优势,但是内联函数的使用也会受到一些制约:①不能在内联函数中调用另一个 inline 函数;②只能由一个 MATLAB 表达式组成,并且只能返回一个变量.

匿名函数(anonymous function)和内联函数类似,可以让用户编写简单的函数而不需要创建 M 文件,因此匿名函数具有 inline 函数的所有优点,并且效率比 inline 函数高.

例 1-5 分别用内联函数和匿名函数的形式定义函数 $y = x \sin x$,并求 $x = \pi / 3$ 处的函数值.

解 MATLAB 程序:

```
clc; clear;
f1=inline('x*sin( x )','x');    % 定义内联函数
y1=f1( pi/3 )
f2=@( x )x*sin( x );    % 定义匿名函数
y2=f2( pi/3 )
f3=@( x,y )x*x+y*y;
y3=f3( 3,4 )
```

运行结果:

```
y1 =
    0.9069
y2 =
    0.9069
y3=
    25
```

2."Debug"菜单和"Cell"菜单

M 文件编辑/调试器窗口专门用来对 M 文件进行编辑和调试,用于调试的主要菜单有"Debug"和"Cell".

1)"Debug"菜单

"Debug"菜单中的各菜单项及相应功能如下.

(1)Step:单步运行,如果下一句是执行语句,则单步执行下一句;如果本行是函数调用,则跳过函数,直接执行下一行语句.

(2)Step in 和 Step out:如果本行是函数调用,则单步运行进入函数体中.当使用"Step in"进入被调用函数后,可以使用"Step out"立即从函数中出来,返回到上一级调用函数继续进行.

（3）Run/Continue：如果用"Run"命令启动程序，程序就从头开始运行；如果在中断状态，程序就从中断处的语句运行到下一个断点或程序结束为止.

（4）Set/Clear Breakpoint：设置和清除所在行的断点. 断点是在调试时需要暂停的语句，设置和清除断点的简单方法是直接在该行的前面用鼠标单击.

（5）Set/Modify Conditional Breakpoint：设置或修改光标所在行断点的条件.

（6）Stop if Errors/Warning：设置出现错误或警告时是否停止运行.

（7）Exit Debug Mode：退出调试模式，并结束程序运行和调试过程.

2）"Cell"菜单和工具栏

"Cell"菜单和工具栏是 MATLAB7.0 版后推出的菜单，提出了单元调试的概念，将程序分成一个个独立的单元，每个单元用"%%"来分隔. 这样就可以单独调试，使调试过程更加方便.

1.3 MATLAB7.0 帮助系统

MATLAB 可以通过以下几种方式获得帮助：

（1）帮助命令；

（2）帮助窗口；

（3）MATLAB 帮助界面；

（4）打印在线参考手册；

（5）MathWorks 公司网站.

下面简单介绍一下寻求帮助的两种方式：帮助命令和帮助窗口.

（1）帮助命令是查询函数语法的最基本方法，查询信息直接显示在命令窗口中. 例如在命令窗口键入 help sin，将显示如下信息：

SIN   Sine.

SIN(X) is the sine of the elements of X.

See also asin, sind.

Overloaded functions or methods(ones with the same name in other directories)

help sym/sin.m

Reference page in Help browser

doc sin

说明：（1）MATLAB 命令窗口中显示的帮助信息使用大写字母来突出函数名，但在使用函数时要小写.

（2）双击工具栏上的"问号"按钮可进入帮助窗口，帮助窗口给出的帮助信息与帮助命令给出的信息一样.

1.4　MATLAB7.0 常用文件格式

MATLAB7.0 常用的文件格式有.m,.mat,.fig,.mdl,.mex,.prj 等类型. 在 MATLAB7.0 工作界面 "File" 菜单下的 "New" 菜单中,可以创建 M-File, Figure, Model 等文件类型. 下面介绍常见的几种文件类型.

1. 程序文件
程序文件即 M 文件,其文件的扩展名为 ".m". M 文件通过 M 文件编辑 / 调试器生成,包括主程序和函数文件.MATLAB7.0 工具箱中的大部分函数都是 M 文件.

2. 图形文件
图形文件的扩展名为 ".fig",其创建有如下几种方法:

(1)在 "File" 菜单中创建 fig 文件;

(2)在 "File" 菜单中创建 GUI 时生成 fig 文件;

(3)用 MATLAB 的绘图命令生成 fig 文件.

3. 模型文件
模型文件的扩展名为 ".mdl",可以在 "File" 菜单中创建 Model 时生成 mdl 文件,也可以在 Simulink 环境中建模生成 mdl 文件.

4. 数据文件
数据文件即 mat 文件,其文件扩展名为 ".mat",用来保存工作空间的数据变量. 在命令窗口中可以通过命令将工作空间的变量保存在数据文件中或从数据文件中装载变量到工作空间.

1）把工作空间中的数据存入 mat 文件

格式 1:save 文件名,变量 1,变量 2,…,参数

格式 2:save（' 文件名 ',' 变量 1',' 变量 2',…,' 参数 '）

说明 :文件名为 mat 文件的名字;变量 1、变量 2 可以省略,省略时则保存工作空间中的所有变量;参数是保存的方式,可省略,其中 "-ASCII" 表示保存为 8 位 ASCII 文本文件,"-append" 表示在文件末尾加变量,"-mat" 表示二进制 mat 文件.

2）从数据文件中装载变量到工作空间

格式:load 文件名 变量 1 变量 2 …

例如:

  A=[1 2 3;4 5 6];

  save data A; % 保存矩阵 A 到 data 文件中

从新打开一个 m 文件对 data 文件进行加载:

  load data   % 加载 data 文件

  A

说明: 如果命令窗口中显示下面这段错误语句,则说明没有运行 save 语句所在的 M 文件. 也就是说,如果想顺利地将矩阵 *A* 保存到 data 文件中,必须运行 save 语句所在的 M 文件.

> ??? Error using ==> load
>
> Unable to read file data:No such file or directory.
>
> Error in ==> Untitled at 1
>
> load data

当运行 save 语句所在的 M 文件以后,上述语句的运行结果为

> A =
>
> 　1　　2　　3
>
> 　4　　5　　6

5. 可执行文件

可执行文件即 mex 文件,其扩展名为".mex",由 MATLAB 的编辑器对 M 文件进行编译后产生,其运行速度比直接执行 M 文件要快得多.

6. 项目文件

项目文件的扩展名为".prj",它能脱离 MATLAB 环境运行,在 Deployment tool 窗口中编译生成,同时还会生成"distrib"和"src"两个文件夹.

1.5　MATLAB 7.0 的数据类型

MATLAB 定义了 15 种基本的数据类型,包括整型、浮点型、字符型和逻辑型等,用户也可以定义自己的数据类型. MATLAB 内部的所有数据类型都是按照数组的形式进行存储和运算的.

数值型包括整数和浮点数,其中整数包括有符号的数和无符号的数,浮点数包括单精度型和双精度型. 在默认情况下,MATLAB 将所有数值都按照双精度浮点数类型存储和操作,用户如果要节省存储空间,可以使用不同的数据类型.

1.5.1　常数和变量

1. 常数

MATLAB 的常数采用十进制表示,可以用带小数点的形式直接表示,也可以用科学计数法表示,数值的表示范围是 $-10^{309} \sim 10^{309}$.

2. 变量

变量是数值计算的基本单元,MATLAB 变量使用时无须先定义,其名称是第一次合法出现时的名称,因此使用起来很便捷.

1）变量的命名规则

（1）变量名区分字母的大小写；

（2）变量名不能超过 63 个字符,第 63 个字符后的字符将被忽略；

（3）变量名必须以字母开头,变量名的组成可以是任意的字母、数字或者下划线,但不能有空格和标点符号；

（4）关键字(如 if、while 等)不能作为变量名.

另外,在 MATLAB 中所有标识符(包括函数名、文件名)都遵循变量名的命名规则,如 "6017202110.m" 就是错误的文件名.

2）特殊变量

MATLAB 有一些自己的特殊变量,它们是由系统预先自动定义的,当 MATLAB 启动时驻留在内存中. 常用特殊变量如表 1-6 所示.

表 1-6　常用特殊变量

变量名	含义	变量名	含义
ans	运算结果的默认变量名	i 或 j	虚数单位
pi	圆周率	nargin	函数的输入变量个数
eps	浮点数的相对误差	nargout	函数的输出变量个数
inf 或 INF	无穷大	realmin	最小的可用正实数
NaN 或 nan	不定值	realmax	最大的可用正实数

1.5.2　整数和浮点数

1.整数

MATLAB 提供了 8 种内置的整数类型,为了使用时提高运算速度和存储空间,应该尽量使用字节少的数据类型,使用类型转换函数可以强制将各种类型数据进行相互转换. 表 1-7 列出了各种整数类型的数值范围和类型转换函数.

表 1-7　整数类型的数值范围和类型转换函数

数据类型	数值范围	转换函数	数据类型	数值范围	转换函数
无符号 8 位整数	$0 \sim 2^8 - 1$	unit8	有符号 8 位整数	$-2^7 \sim 2^7 - 1$	int8
无符号 16 位整数	$0 \sim 2^{16} - 1$	unit16	有符号 16 位整数	$-2^{15} \sim 2^{15} - 1$	int16
无符号 32 位整数	$0 \sim 2^{32} - 1$	unit32	有符号 32 位整数	$-2^{31} \sim 2^{31} - 1$	int32
无符号 64 位整数	$0 \sim 2^{64} - 1$	unit64	有符号 64 位整数	$-2^{63} \sim 2^{63} - 1$	int64

2.浮点数

浮点数包括单精度型(single)和双精度型(double),双精度型为 MATLAB 默认的数据类型. 表 1-8 列出了各种浮点数的数值范围和类型转换函数.

表 1-8　浮点数的数据范围和类型转换函数

数据类型	存储空间（B）	数值范围	转换函数
单精度型	4	$-3.40282 \times 10^{38} \sim 3.40282 \times 10^{38}$	single
双精度型	8	$-1.79769 \times 10^{308} \sim 1.79769 \times 10^{308}$	double

1.5.3　复数

MATLAB 用特殊变量"i"或"j"表示虚数的单位,因此在编程时不要和其他变量混淆.
复数的产生有如下几种方式:

（1）z=a+bi 或 z=a+b*i;

（2）z=r*exp（i*theta）,其中相角 theta 以弧度为单位,复数 z 的实部 a=r*cos（theta）,虚部 b=r*sin（theta）;

（3）z=complex（a,b）.

MATLAB 中关于复数的运算函数如表 1-9 所示.

表 1-9　复数的运算函数

函数名称	函数功能	函数名称	函数功能
real（z）	求复数 z 的实部	angle（z）	求复数 z 的相角
imag（z）	求复数 z 的虚部	conj（z）	求复数 z 的共轭复数
abs（z）	求复数 z 的模	complex（a,b）	构造复数 $a+b*$i

例 1-6　复数运算示例.

```
z1=1+2i;
z2=2+3i;
z=z1+z2
z_real=real（z）
z_imag=imag（z）
z_norm=abs（z）
z_angle=angle（z）
z_conj=conj（z）
```

运行结果:

```
z =

    3.0000 + 5.0000i

z_real =

    3
```

z_imag =

    5

z_norm =

    5.8310

z_angle =

    1.0304

z_conj =

    3.0000 – 5.0000i

1.6 矩阵和向量的运算

1.6.1 矩阵的输入

1. 直接输入矩阵

矩阵的直接输入是一种最方便、最直接的方法,这种方法主要用于维数较少的矩阵. 矩阵的输入应遵循以下基本常规:

(1)矩阵元素应该用方括号"[]"括起来;

(2)每行内的元素之间用逗号","或空格隔开;

(3)行与行之间用分号";"或回车键隔开;

(4)元素可以使用数值或表达式.

例 1-7　利用直接输入法创建矩阵

$$A = \begin{bmatrix} 1 & 2 & 3 \\ 4 & 15 & 60 \\ 7 & 8 & 9 \end{bmatrix}.$$

解　MATLAB 命令:

A=[1,2,3;4,15,60;7,8,9]

运行结果:

A =

    1   2   3

    4   15   60

    7   8   9

2. 用矩阵编辑器输入矩阵

这种方法主要适用于维数较大的矩阵. 在调用矩阵编辑器之前必须先定义一个变量,无论是一个数值还是矩阵均可. 输入步骤如下:

(1)在命令窗口创建变量 A;

（2）在工作空间中找到 A 变量，双击它就可以打开矩阵编辑器；

（3）将数据复制到矩阵编辑器中并按关闭按钮，这时就定义了一个维数较大的矩阵.

3. 用矩阵函数生成矩阵

在 MATLAB 中，除了逐个输入元素生成所需的矩阵外，MATLAB7.0 还提供了大量的函数来创建一些特殊的矩阵. 常用的矩阵函数如表 1-10 所示.

表 1-10 常用的矩阵函数

函数名称	函数功能	函数名称	函数功能
zeros(m,n)	生成 $m \times n$ 的零矩阵	rand(m,n)	生成 m 行 n 列的随机矩阵
eye(n)	生成 n 阶单位矩阵	randn(m,n)	生成 m 行 n 列的正态随机矩阵
ones(m,n)	生成 $m \times n$ 的全 1 矩阵	vander(a)	生成由向量 a 生成的范德蒙矩阵
magic(n)	生成 n 阶幻方阵	diag(a,k)	生成由向量 a 生成的 k 层对角矩阵

例 1-8 利用矩阵函数生成矩阵

$$A = \begin{bmatrix} 1 & 0 & 0 \\ 0 & 2 & 0 \\ 0 & 0 & 3 \end{bmatrix}, \quad B = \begin{bmatrix} 0 & 1 & 0 & 0 \\ 0 & 0 & 2 & 0 \\ 0 & 0 & 0 & 3 \\ 0 & 0 & 0 & 0 \end{bmatrix}.$$

解 MATLAB 命令：

v=[1 2 3];

A=diag（v）或 A=diag（v,0）

B=diag（v,1）

运行结果：

A =

    1   0   0

    0   2   0

    0   0   3

B =

    0   1   0   0

    0   0   2   0

    0   0   0   3

    0   0   0   0

例 1-9 生成一个 3 阶幻方阵 C 以及一个 4 阶单位矩阵 E.

解 MATLAB 命令：

C=magic（3） %3 阶幻方阵

E=eye（4） %4 阶单位阵

运行结果：

C =

8	1	6
3	5	7
4	9	2

E =

1	0	0	0
0	1	0	0
0	0	1	0
0	0	0	1

例 1-10 随机生成含有 5 个元素的行向量.

解 MATLAB 命令：

a=rand（1,5） %rand 生成的随机数介于 0 和 1 之间

运行结果：

a =

0.9501　　0.2311　　0.6068　　0.4860　　0.8913

例 1-11 随机生成数值在 10~30 的含有 5 个元素的行向量.

解 MATLAB 命令：

b=10+（30-10）*rand（1,5）

运行结果：

b =

25.2419　　19.1294　　10.3701　　26.4281　　18.8941

例 1-12 生成三对角矩阵

$$F = \begin{bmatrix} 1 & 2 & 0 & 0 & 0 & 0 \\ 1 & 1 & 2 & 0 & 0 & 0 \\ 0 & 2 & 1 & 2 & 0 & 0 \\ 0 & 0 & 3 & 1 & 2 & 0 \\ 0 & 0 & 0 & 1 & 1 & 2 \\ 0 & 0 & 0 & 0 & 2 & 1 \end{bmatrix}.$$

解 MATLAB 命令：

a1=ones（1,6）;

a2=2*ones（1,5）;

a3=[1 2 3 1 2];

F=diag（a1,0）+diag（a2,1）+diag（a3,-1）

运行结果：

F =

1	2	0	0	0	0
1	1	2	0	0	0
0	2	1	2	0	0
0	0	3	1	2	0
0	0	0	1	1	2
0	0	0	0	2	1

4. 通过文件生成矩阵

有时需要处理一些没有规律的数据或重复使用的数据，如果仅在命令窗口或 M 文件中输入，当运行 clear 命令清除工作空间后，再次使用这些数据时就需要重新输入，这就增加了工作量；而且处理维数很大的数据时，这样处理就更烦琐了. 为了解决此类问题，MATLAB 提供了两种解决方案：一种方法是直接把数据作为矩阵保存到 M 文件中，作为数据文件存储；另一种方法是把数据作为变量保存到 MAT 文件中. 具体用法见以下例题.

例 1-13 将矩阵 $A = \begin{bmatrix} 1 & 2 & 3 & 4 \\ 6 & 3 & 4 & 5 \\ 6 & 4 & 5 & 9 \\ 0 & 2 & 3 & 7 \end{bmatrix}$ 保存到 data.m 文件中，并通过运行此文件调用矩阵 A.

解 在 M 文件编辑器中输入矩阵 A=[1 2 3 4; 6 3 4 5; 6 4 5 9; 0 2 3 7]，并保存到文件 data.m 中. 但在命令窗口输入如下命令时：

>> clear

>> A

??? Undefined function or variable 'A'.

说明： 当清除工作空间后，矩阵 A 被清除，再次调用矩阵 A 时，就会发出没有找到变量 A 的错误指示. 当需要再次使用矩阵 A 时，则需先运行 data.m 文件.

>> data.m   % 运行文件时不能加后缀".m"，否则就会出错

??? The function, script, or class datacannot be indexed using {} or . indexing.

>> data

>>A

A =

1	2	3	4
6	3	4	5
6	4	5	9
0	2	3	7

例 1-14　将上题矩阵 *A* 保存到 data1mat 文件中.

解　MATLAB 程序:

A=[1 2 3 4;6 3 4 5;6 4 5 9;0 2 3 7];

save data1 A;

在命令窗口运行如下命令:

>>load data1

>>A

??? Error using ==> load

Unable to read file data1: No such file or directory.

Error in ==> Untitled6 at 1 load data1

说明:这是因为仅仅对矩阵 *A* 所在的文件进行了保存,这样就不能生成 data1.mat 文件. 因此,如果想生成 data1.mat 文件,必须运行矩阵 *A* 所在的文件. 当运行矩阵 *A* 所在文件后, 再次在命令窗口运行上述命令才能得到想要的结果.

>>load data1

>>A

A =

1	2	3	4
6	3	4	5
6	4	5	9
0	2	3	7

5. 向量的生成

向量作为特殊的矩阵,即 $1 \times n$ 或 $n \times 1$ 的矩阵,除了可以作为普通的矩阵输入外,还有其他的生成方法.

1)使用 first:step:last 生成等差向量

当 step 省略时,表示步长 step=1;当 step 为负数时,并且 first 大于 last 时,可以生成降序的向量. 另外,生成的向量起始元素为 first,但是末端元素不一定是 last.

例 1-15　使用 first:step:last 创建向量示例.

>> a=1:0.5:3

a =

1.0000	1.5000	2.0000	2.5000	3.0000

>>b=1:2:10

b =

1	3	5	7	9

>>c=9:-2:1

c =

$$\begin{matrix} 9 & 7 & 5 & 3 & 1 \end{matrix}$$

2）使用 linspace 或 logspace 函数生成等差向量

linspace 用来生成线性等差向量，logspace 用来生成对数等差向量．命令格式如下：

linspace(a,b,n)

生成以 a 为首端元素，以 b 为末端元素的含有 n 个元素的等间距向量．

logspace(a,b,n)

生成以 10^a 为首端元素，以 10^b 为末端元素的含有 n 个元素的对数等间距向量．

例 1-16　使用 linspace 和 logspace 创建向量示例．

```
>> linspace( 1,2,10 )
ans =
```

1.0000	1.1111	1.2222	1.3333	1.4444	1.5556	1.6667	1.7778
1.8889	2.0000						

```
>> logspace( 1,2,10 )
ans =
```

10.0000	12.9155	16.6810	21.5443	27.8256	35.9381	46.4159
59.9484	77.4264	100.0000				

1.6.2　矩阵和向量的算术运算

矩阵的算术运算规则有两种：一种是按照线性代数运算法则定义的运算规则，此种运算称为矩阵的基本运算；另一种是对矩阵中每个元素定义的运算规则，此种运算称为矩阵的点运算．向量作为特殊的矩阵，其算术运算与矩阵一致．

1. 矩阵的基本运算

矩阵的基本运算包含加法运算（＋）、减法运算（－）、乘法运算（×）、左除运算（\）、右除运算（/）、乘幂运算（^）、矩阵 A 的转置（A'）、矩阵 A 的行列式（$\det(A)$）、矩阵 A 的秩（$\mathrm{rank}(A)$）等，本书将在后面章节对这些运算做详细介绍．

2. 矩阵的点运算

矩阵的点运算包含点乘（.*）、点左除（.\）、点右除（./）、点幂（.^）运算，点运算只能在维数相同的两个矩阵之间进行运算．

设矩阵

$$A = \begin{bmatrix} a_{11} & a_{12} & \cdots & a_{1n} \\ a_{21} & a_{22} & \cdots & a_{2n} \\ \vdots & \vdots & \vdots & \vdots \\ a_{m1} & a_{m2} & \cdots & a_{mn} \end{bmatrix}, \quad B = \begin{bmatrix} b_{11} & b_{12} & \cdots & b_{1n} \\ b_{21} & b_{22} & \cdots & b_{2n} \\ \vdots & \vdots & \vdots & \vdots \\ b_{m1} & b_{m2} & \cdots & b_{mn} \end{bmatrix}.$$

则对应的具体计算：

$$A_{\bullet} * B = \begin{bmatrix} a_{11}*b_{11} & a_{12}*b_{12} & ... & a_{1n}*b_{1n} \\ a_{21}*b_{21} & a_{22}*b_{22} & ... & a_{2n}*b_{2n} \\ \vdots & \vdots & \vdots & \vdots \\ a_{m1}*b_{m1} & a_{m2}*b_{m2} & ... & a_{mn}*b_{mn} \end{bmatrix} \overset{\Delta}{=} \left(a_{ij}*b_{ij} \right)_{m \times n}$$

$$A_{\bullet} / B = \begin{bmatrix} a_{11}/b_{11} & a_{12}/b_{12} & ... & a_{1n}/b_{1n} \\ a_{21}/b_{21} & a_{22}/b_{22} & ... & a_{2n}/b_{2n} \\ \vdots & \vdots & \vdots & \vdots \\ a_{m1}/b_{m1} & a_{m2}/b_{m2} & ... & a_{mn}/b_{mn} \end{bmatrix} \overset{\Delta}{=} \left(a_{ij}/b_{ij} \right)_{m \times n}$$

$$A_{\bullet} \backslash B = \begin{bmatrix} a_{11} \backslash b_{11} & a_{12} \backslash b_{12} & ... & a_{1n} \backslash b_{1n} \\ a_{21} \backslash b_{21} & a_{22} \backslash b_{22} & ... & a_{2n} \backslash b_{2n} \\ \vdots & \vdots & \vdots & \vdots \\ a_{m1} \backslash b_{m1} & a_{m2} \backslash b_{m2} & ... & a_{mn} \backslash b_{mn} \end{bmatrix} \overset{\Delta}{=} \left(a_{ij} \backslash b_{ij} \right)_{m \times n}$$

$$A_{\bullet} \wedge B = \begin{bmatrix} a_{11} \wedge b_{11} & a_{12} \wedge b_{12} & ... & a_{1n} \wedge b_{1n} \\ a_{21} \wedge b_{21} & a_{22} \wedge b_{22} & ... & a_{2n} \wedge b_{2n} \\ \vdots & \vdots & \vdots & \vdots \\ a_{m1} \wedge b_{m1} & a_{m2} \wedge b_{m2} & ... & a_{mn} \wedge b_{mn} \end{bmatrix} \overset{\Delta}{=} \left(a_{ij} \wedge b_{ij} \right)_{m \times n}$$

$$f(A) = \begin{bmatrix} f(a_{11}) & f(a_{12}) & ... & f(a_{1n}) \\ f(a_{21}) & f(a_{22}) & ... & f(a_{2n}) \\ \vdots & \vdots & \vdots & \vdots \\ f(a_{m1}) & f(a_{m2}) & ... & f(a_{mn}) \end{bmatrix}$$

其中,对于常数 $a, b (a, b \neq 0)$,$a/b = \dfrac{a}{b}$,$a \backslash b = \dfrac{b}{a}$,$a \wedge b = a^b$.

例 1-17 矩阵运算示例.

>> A=[1 2 3; 2:4]

A =

  1 2 3

  2 3 4

>> B=[2 2 2;3*ones(1,3)] %ones(1,3)表示生成 1 行 3 列的全 1 矩阵

B =

  2 2 2

  3 3 3

>> A*B

??? Error using ==> mtimes

Inner matrix dimensions must agree.

说明：$A*B$ 运行错误的原因是矩阵 A,B 的维数不满足矩阵乘法运算.

    >> A.*B

    ans =

       2   4   6

       6   9   12

说明：$A.*B$ 表示矩阵 A,B 相对应的元素做乘法运算, 得到一个与矩阵 A,B 同维数的矩阵.

    >> A.\B

    ans =

      2.0000   1.0000   0.6667

      1.5000   1.0000   0.7500

    >> A./B

    ans =

      0.5000   1.0000   1.5000

      0.6667   1.0000   1.3333

说明：$A.\B$ 表示点左除运算, 左边矩阵的元素作除数；$A./B$ 表示点右除运算, 右边矩阵的元素作除数.

    >> A.^B

    ans =

       1   4   9

       8   27   64

3. 向量运算

向量(也称为一维数值数组)作为特殊的矩阵, 其运算法则与矩阵运算法则一致, 下面对向量的运算做简单介绍.

设向量

$$\boldsymbol{\alpha} = \begin{pmatrix} a_1 & a_2 & \cdots & a_n \end{pmatrix}, \quad \boldsymbol{\beta} = \begin{pmatrix} b_1 & b_2 & \cdots & b_n \end{pmatrix},$$

则对应的运算：

$$c\boldsymbol{\alpha} = \begin{pmatrix} ca_1 & ca_2 & \cdots & ca_n \end{pmatrix}$$

$$\boldsymbol{\alpha} \pm \boldsymbol{\beta} = \begin{pmatrix} a_1 \pm b_1 & a_2 \pm b_2 & \cdots & a_n \pm b_n \end{pmatrix}$$

$$\boldsymbol{\alpha} .* \boldsymbol{\beta} = \begin{pmatrix} a_1 * b_1 & a_2 * b_2 & \cdots & a_n * b_n \end{pmatrix}$$

$$\boldsymbol{\alpha} .\backslash \boldsymbol{\beta} = \begin{pmatrix} a_1 \backslash b_1 & a_2 \backslash b_2 & \cdots & a_n \backslash b_n \end{pmatrix}$$

$$\boldsymbol{\alpha} ./ \boldsymbol{\beta} = \begin{pmatrix} a_1 / b_1 & a_2 / b_2 & \cdots & a_n / b_n \end{pmatrix}$$

$$\boldsymbol{\alpha}_{\bullet} \wedge \boldsymbol{\beta} = \begin{pmatrix} a_1 \wedge b_1 & a_2 \wedge b_2 & \cdots & a_n \wedge b_n \end{pmatrix}$$

$$f(\boldsymbol{\alpha}) = \begin{pmatrix} f(a_1) & f(a_2) & \cdots & f(a_n) \end{pmatrix}$$

另外, 向量也存在一些特殊的运算.

（1）向量的数量积: dot($\boldsymbol{\alpha},\boldsymbol{\beta}$).

（2）向量的向量积: cross($\boldsymbol{\alpha},\boldsymbol{\beta}$), 运行向量积运算时, 向量 $\boldsymbol{\alpha},\boldsymbol{\beta}$ 只能为三维向量.

（3）向量的模: norm($\boldsymbol{\alpha}$).

例 1-18　向量的运算示例.

```
>> a=1:3;
>> b=ones(1,3);
>> cross(a,b)       % 向量积,a,b 必须为三维向量
ans =
      -1      2      -1
>> dot(a,b)
ans =
       6
>> a.^2
ans =
       1      4      9
>> norm(a)
ans =
       3.7417
```

例 1-19　计算 $y=\sin(k\pi/2)$（$k=0,1,2,3,4$）的值.

解　MATLAB 命令:

```
>> x=0:pi/2:2*pi;
>> y=sin(x)
```

运行结果:

```
y =
       0      1.0000      0.0000      -1.0000      -0.0000
```

上例是通过正弦函数计算一些点的函数值, 常用的数学函数命令如表 1-11 所示.

表 1-11　常用的数学函数命令

函数名	函数功能	函数名	函数功能
$\sin(x)$	正弦函数（自变量用弧度制表示）	$\exp(x)$	以 e 为底的指数函数
$\cos(x)$	余弦函数（自变量用弧度制表示）	$\mathrm{power}(m,n)$	m 的 n 次方

函数名	函数功能	函数名	函数功能
tan(x)	正切函数（自变量用弧度制表示）	abs(x)	绝对值函数
asin(x)	反正弦函数（返回值为弧度值）	sqrt(x)	平方根函数
acos(x)	反余弦函数（返回值为弧度值）	log(x)	自然对数，相当于 ln(x)
atan(x)	反正切函数（返回值为弧度值）	log2(x)	以 2 为底的对数
sind(x)	正弦函数（自变量用角度制表示）	log10(x)	以 10 为底的对数
cosd(x)	余弦函数（自变量用角度制表示）	sum(x)	向量元素求和
tand(x)	正切函数（自变量用角度制表示）	mod(x,y)	求 x/y 的余数
asind(x)	反正弦函数（返回值为角度值）	fix(x)	取整函数
acosd(x)	反余弦函数（返回值为角度值）	max(x)	求向量中的最大值
atand(x)	反正切函数（返回值为角度值）	min(x)	求向量中的最小值
sign(x)	符号函数（返回自变量的符号）		

1.6.3 矩阵元素的操作

由于向量（一维数组）为特殊的矩阵，因此对矩阵元素的一些操作也适用于向量，在这里只介绍矩阵元素的操作.

1. 由矩阵 A 的元素构成的各种矩阵

triu(A)：由矩阵 A 的上三角元素构成的上三角矩阵.

tril(A)：由矩阵 A 的下三角元素构成的下三角矩阵.

flipud(A)：对矩阵 A 做上下翻转.

fliplr(A)：对矩阵 A 做左右翻转.

rot90(A)：以左下角元素为旋转点，将矩阵 A 逆时针旋转 90°.

size(A)：返回矩阵 A 的行数和列数.

length(A)：返回矩阵 A 的行数和列数的最大值.

diag(A,k)：提取矩阵 A 中主对角线上第 k 层对角线元素构成的列向量. 规定：当 $k=0$ 时，它代表主对角线；当 $k>0$ 时，它代表主对角线的平行位置上方的第 k 层；当 $k<0$ 时，它代表主对角线的平行位置下方的第 k 层.

diag(a,k)：生成主对角线方向上的第 k 层元素为向量 a 的矩阵.

[Q,R]=qr(A)：将矩阵 A 分解为一个正交矩阵 Q 和一个上三角矩阵 R ，并且满足 $A=QR$.

[L,U]=lu(A)：将矩阵 A 分解为一个上三角矩阵 U 和矩阵 L （其中 L 为下三角矩阵和置换矩阵的乘机），并且满足 $A=LU$.

例 1-20 矩阵运算示例.

```
>>A=[1 2 3;4 5 6;7 8 7]
>>triu( A )      % 返回矩阵 A 的上三角矩阵
ans =
     1     2     3
     0     5     6
     0     0     7
>>flipud( A )    % 将矩阵 A 上下翻转
ans =
     7     8     7
     4     5     6
     1     2     3
>>fliplr( A )    % 将矩阵 A 左右翻转
ans =
     3     2     1
     6     5     4
     7     8     7
>>rot90( A )     % 将矩阵 A 以左下角元素为旋转轴逆时针旋转 90 度
ans =
     3     6     7
     2     5     8
     1     4     7
>>[r,c]=size( A )   % 返回矩阵 A 的行数 r 和列数 c
r =
     3
c =
     3
>>[Q,R]=qr( A )    % 返回矩阵 A 的 QR 分解
Q =
    -0.1231    0.9045    0.4082
    -0.4924    0.3015   -0.8165
    -0.8616   -0.3015    0.4082
R =
    -8.1240   -9.6011   -9.3550
          0    0.9045    2.4121
```

0	0	-0.8165

```
>> [L,U]=lu( A )   % 返回矩阵 A 的 LU 分解
L =
```

0.1429	1.0000	0
0.5714	0.5000	1.0000
1.0000	0	0

```
U =
```

7.0000	8.0000	7.0000
0	0.8571	2.0000
0	0	1.0000

2. 分块法生成大矩阵

如有已知矩阵 A,B,C,D,其中 A,B 的行数相同,C,D 的行数相同,且 A,B 与 C,D 的总列数相同,则可以生成分块大矩阵 $G=[A,B;C,D]$.

例 1-21 分块矩阵示例.

```
>> A=ones( 1,2 );
>> B=zeros( 1,3 );
>> C=eye( 3,3 );
>> D=fix( rand( 3,2 )*10 );
>> [A,B;C,D]
ans =
```

1	1	0	0	0
1	0	0	4	9
0	1	0	6	7
0	0	1	7	1

3. 矩阵中元素的访问

（1）$A(i,j)$:访问矩阵 A 的第 i 行第 j 列的元素.

（2）$A(r,:)$:访问矩阵 A 的第 r 行元素.

（3）$A(:,c)$:访问矩阵 A 的第 c 列元素.

（4）$A(:)$:依次从左到右提取矩阵 A 的每一列,并将矩阵 A 拉伸成一列向量.

（5）$A([a\,b\,c],[d\,e])$:访问矩阵 A 的第 a,b,c 行和第 d,e 列交叉元素.

4. 删除矩阵的行或列

（1）$A(r,:)$=[]:删除矩阵 A 的第 r 行.

（2）$A(:,c)$=[]:删除矩阵 A 的第 c 列.

例 1-22 矩阵元素访问与删除示例.

```
>> A=[1 2 3;4 5 6];
```

A =

     1   2   3

     4   5   6

\>\>A（1,2） %访问矩阵 A 中第 1 行和第 2 列交叉位置的元素

ans =

     2

\>\>A（1，:） %访问矩阵 A 中第 1 行元素

ans =

     1   2   3

\>\>A（:,2） %访问矩阵 A 中第 2 列元素

ans =

     2

     5

\>\>A（[1,2],3） %访问矩阵 A 中第 1 行,第 2 行与第 3 列交叉位置的元素

ans =

     3

     6

\>\>A（1,[2,2]） %访问矩阵 A 中第 1 行与第 2 列交叉位置的元素两次

ans =

     2   2

\>\>A（1，:）=[] %删除矩阵 A 的第 1 行

A =

     4   5   6

\>\>A（3,3）=3 %扩充矩阵 A 的维数到 3×3,并对 A（3,3）赋值为 3,其余未赋值的元素赋值为 0

A =

     4   5   6

     0   0   0

     0   0   3

1.7　字符串

MATLAB 中的字符串处理函数功能非常强大,而且可以将字符串看成一个字符数组,因此可以利用处理数组的方式处理字符串.

1.7.1 字符串的输入

1. 直接输入法

用单引号将字符括起来直接创建字符串.

例 1-23 字符串的输入示例.

```
>> s1='MATLAB7'

s1 =

       MATLAB7

>> s2=' 我喜欢 '

s2 =

       我喜欢

>> s3='6017202000'

s3 =

       6017202000
```

当字符串中含有单引号时,用两个单引号表示字符串中的单引号,其输入方式如下:

```
>> s4=' 显示 "Matlab"'

s4 =

       显示 'Matlab'
```

2. 多个字符串组合

多个字符串可以组合成一行,也可以组合成多行,组合方式与数值矩阵类似.

(1)用",",或空格连成长串:

```
>> str1=[s2 s1,'.']

str1 =

我喜欢 MATLAB7.
```

(2)用";"构成 $m \times n$ 的字符矩阵时,每行字符的总数必须相同,当字符串元素个数不同时用空格补充.

```
>> str2=[s1,'   ';s2,'        ';s3]
```

%s1 中有 7 个字符,s2 中有 3 个字符,s3 有 10 个字符,因此 s1 和 s2 后面依次补充 3 个和 7 个空格.

```
str2 =

       MATLAB7

       我喜欢

       显示 'Matlab'
```

1.7.2 字符串常用操作

MATLAB7.0 中还有一个字符串处理函数库,可以对字符串进行查找、比较和运行等操作.这些操作都是通过字符串函数实现的,常用的字符串函数如表 1-12 所示.

表 1-12 常用的字符串函数

分类	函数名	函数功能
字符串比较	strcmp(str1,str2)	比较两个字符串是否相等,相等为 1,不相等为 0
	strncmp(str1,str2,n)	比较两个字符串的前 n 项是否相等
	strcmpi(str1,str2)	与 strcmp 功能相同,只是不区分大小写
	strncmpi(str1,str2,n)	与 strncmp 功能相同,只是不区分大小写
字符串查找	findstr(str1,str2)	在字符串 str1 中查找 str2 的位置,并返回该位置
	strtok(str)	返回字符串中第一个分隔符之前的字符串
其他操作	length(str)	返回字符串的长度
	num2str(num)	将数字转换为字符串
	str2num(str)	将数字型字符串转换为数字
	mat2str(A)	将数值矩阵转换为字符串
	upper(str)	将字符串中的小写字符转换为大写字符
	lower(tr)	将字符串中的大写字符转换为小写字符
	strrep(str,str1,str2)	将 str 中的 str1 用 str2 替代
	eval(str)	执行包含 MATLAB 表达式的字符串
	ischar(str)	检测 str 是否为字符串,是返回 1,不是返回 0

例 1-24 字符串操作示例.

```
>> str1='Matlab 7.0';
>> str2='a';
>> strcmp( str1,str2 )    % 比较 str1 和 str2 两个字符串是否相等
ans =
    0
>> n=findstr( str1,str2 )    % 返回 str1 中 str2 的位置
n =
2    5
>> str3=str1( 1:n( 2 ) )    % 返回 str1 中第二个"a"之前的字符
str3 =
Matla
>> strtok( str1 )    % 返回 str1 分隔符之前的字符
```

ans =

Matlab

```
>> length( str1 )    % 计算 str1 的字符个数
ans =

10
>> upper( str1 )    % 将 str1 中的小写字符转换为大写字符
ans =

MATLAB 7.0
>> lower( str1 )    % 将 str1 中的大写字符转换为小写字符
ans =

matlab 7.0
>> strrep( str1 ,'7.0','2010' )    % 将 str1 中的 "7.0", 用 "2010" 替代
ans =

Matlab 2010
>> str3='1+2'
str3 =

1+2
>> c=eval( str3 )    % 计算字符串表达式
c =

     3
>> ischar( c )    % 检测 c 是否为字符串
ans =

     0
>> '1'+'2'    % 运行的是字符 1 和 2 所对应的 ASCII 值的加法
ans =

    99
```

1.8　单元数组

单元数组(元胞数组)是一种新的数据类型,能将不同类型、不同维数的数组结合在一起,从而方便对不同的数据类型进行管理和维护. 单元数组中的每一个元素称为一个单元(cell),单元中可包含任何类型的数据,即可以是数组、字符、符号对象、单元数组或结构体等. 在单元数组中,通过单元数组的名字不能访问相应的元素,只能访问元素的标识(数据类型、维数等),因为单元数组中存储的是指向某种数据结构的指针.

1.8.1 创建单元数组

单元数组的创建可以分为三种方式:方式 1 为通过赋值语句直接创建;方式 2 为通过大括号直接创建并赋值;方式 3 为通过 cell 函数首先为单元数组分配内存空间,然后再对每个单元进行赋值.

1. 通过赋值语句创建单元数组

通过赋值语句创建单元数组时,可采用两种方法,即按单元索引法和按内容索引法.下面通过例题来说明这两种赋值语句的区别.

例 1-25 利用单元索引的方式创建单元数组示例.

解 命令窗口运行:

```
>> A( 1,1 )={ones( 3 )};    % 对单元进行赋值,必须加 {}
>> A( 1,2 )={'you are welcome'};
>> A( 2,1 )={1+2*i};
>> A( 2,2 )={[1 2 3]};
>>A
A =
    [3x3 double]              'you are welcome'
    [1.0000+ 2.0000i]      [1x3 double]
>> A( 1,1 )    % 返回单元标识
    ans =
    [3x3 double]
>> A{1,1}    % 返回单元内容
ans =
    1    1    1
    1    1    1
    1    1    1
```

例 1-26 利用内容索引的方式创建单元数组示例.

```
>> B{1,1}=eye( 3 );
>> B{1,2}=2+3*i;
>> B{2,1}='hellp MATLAB';
>> B{2,2}=1:5;
>>B
B =
    [3x3 double]          [2.0000+ 3.0000i]
    'hellp MATLAB'        [1x5 double]
```

```
>> B(2,2)
ans =
    [1x5 double]
>> B{2,2}
ans =
    1    2    3    4    5
```

说明：按单元索引赋值和按内容索引赋值是完全等效的，可以互换使用.但访问单元数组中的单元时，两种访问方式返回结果不一致.通过上面的示例可以看出，当运行 $A(i,j)$ 时，只能返回单元数组 A 在第 i 行第 j 列存储内容的标识（即存储内容的大小、类型等）；当运行 $A\{i,j\}$ 时，则返回单元数组 A 在第 i 行第 j 列存储的内容.

2. 通过大括号创建单元数组

通过大括号直接创建单元数组的方式与创建数值矩阵的方式类似，其创建格式如下：

    单元数组名 ={ 单元内容 };

例 1-27 通过大括号创建单元数组示例.

```
>> C={'6017202123',' 赵磊 ',' 男 ',95;'6016202111',' 李娜 ',' 女 ',80};
```

或

```
>> C={'6017202123',' 赵磊 ',' 男 ',95
    '6016202111',' 李娜 ',' 女 ',80};
>>C
```

运行结果

```
C =
    '6017202123'    ' 赵磊 '    ' 男 '    [95]
    '6016202111'    ' 李娜 '    ' 女 '    [80]
```

3. 通过 cell 函数创建单元数组

使用 cell 函数创建单元数组的调用格式如下：

格式 1: c=cell(n)

说明：建立一个 $n \times n$ 的空单元数组.

格式 2: c=cell(m,n)

说明：建立一个 $m \times n$ 的空单元数组.

格式 3: c=cell(m,n,p,…)

说明：建立一个 $m \times n \times p$ 的空单元数组.

例 1-28 利用 cell 函数创建单元数组示例.

解 命令窗口程序：

```
>> mycell=cell( 2,3 )    % 创建一个空的 2*3 的单元数组
mycell =
```

```
                    [ ]      [ ]      [ ]
                    [ ]      [ ]      [ ]
>> mycell{1,1}='6017202100';
>> mycell{1,2}=' 王鑫 ';
>> mycell{1,3}=90;
>> mycell{2,1}='6017202101';
>> mycell{2,2}=' 王刚 ';
>> mycell{2,3}=55;
>> mycell
mycell =
    '6017202100'     ' 王鑫 '      [90]
    '6017202101'     ' 王刚 '      [55]
```

说明:当用 cell 函数生成单元数组 A 以后,不能通过 $A(i,j)$=1 的方式对其进行赋值, 只能通过 $A(i,j)$={1} 的方式进行赋值,因为 $A(i,j)$ 为 cell 类型,而 1 为 double 类型,两者类型不一致不能赋值.

例如:

```
>> mycell=cell( 2,2 )
mycell =
    [ ]      [ ]
    [ ]      [ ]
>> mycell( 1,1 )=1
```

语句出错,原因是无法从 double 转换为 cell.

```
>> mycell( 1,1 )={1}
mycell =
    [1]      [ ]
    [ ]      [ ]
```

1.8.2   单元数组元素操作

单元数组中的元素操作方法类似于矩阵元素的操作方法. 例如可以利用分块矩阵的方式来对单元数组进行扩充,也可以通过对单元赋空的方式删除单元数组中的某些单元等,具体调用格式见如下例题.

例 1-29   单元数组中的元素操作示例.

```
>> D=[A;B]    % 生成 4 行 2 列的单元数组
D =
    [3x3 double]              'you are welcome'
```

        [1.0000 + 2.0000i]   [1x3 double]

        [3x3 double]   [2.0000 + 3.0000i]

        'hellp MATLAB'   1x5 double]

>> D(1,:) % 访问单元数组的第一行单元标识

ans =

        [3x3 double]   'you are welcome'

>> D{1,:} % 访问第一行中的两个单元中的内容,两个单元中的内容显示在不
同行

ans =

        1   1   1

        1   1   1

        1   1   1

ans =

you are welcome

>> D(2,:)=[]   % 删除单元数组 D 的第二行

D =

        [3x3 double]   'you are welcome'

        [3x3 double]   [2.0000 + 3.0000i]

        'hellp MATLAB'   [1x5 double]

>> D{2,1}=[]   % 删除单元数组 D 的第二行第一列元素

D =

        [3x3 double]   'you are welcome'

        []   [2.0000 + 3.0000i]

        'hellp MATLAB'   [1x5 double]

>> D{2,:}=[]   % 这种命令是错误的,因为 D{2,:} 有两个输出.

>> E={A,B}   % 生产含有两个单元的单元数组,每个单元的元素为单元数组

E =

        {2x2 cell}   {2x2 cell}

>> E{1}{1,2}

ans =

you are welcome

1.8.3　单元数组函数

在 MATLAB 中,除了上述对单元数组的操作方法,还提供了一些相关函数用于实现单
元数组的操作,具体函数见表 1-13.

表 1-13　单元数组常见命令

函数	说明
celldisp	显示单元数组的所有单元的内容
cellplot	用于图形化显示单元数组的结构
iscell	判断是否为单元数组
num2cell	从一个数组中提取指定元素,填充到单元数组中

例 1- 30　利用单元数组函数实现单元数组的操作示例.

解　命令窗口程序:

>> C={'6017202123',' 赵磊 ',' 男 ';'6016202111',' 李娜 ',' 女 '};

>> celldisp(C)

C{1,1} =

6017202123

C{2,1} =

6016202111

C{1,2} =

赵磊

C{2,2} =

李娜

C{1,3} =

男

C{2,3} =

女

>> cellplot(C)　% 用图形显示单元数组,效果如图 1-7 所示

>> a=[1 2 3 4];

>> num2cell(a)

ans =

　　[1]　　[2]　　[3]　　[4]

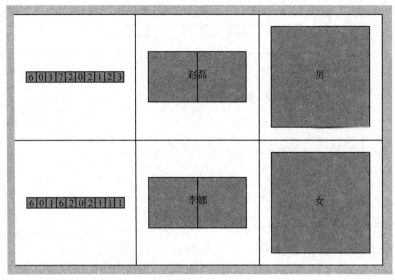

图 1-7　用图形显示单元数组

1.9　结构体数组

与单元数组一样,结构体数组也能在一个数组中存放各类数据.从一定意义上讲,结构体数组组织数据的能力比单元数组更强、更富于变化.

结构体数组的基本成分是结构体,数组中的每一个结构体是平等的,结构体必须在划分"域"后才能使用.数据不能直接存放于结构中,而只能存放在域中.结构体的域中可以存放任何类型、任何大小的数组,而且不同结构体的同名域中存放的内容可以不同.

与数值数组一样,结构体数组的维数不受限制,可以是一维、二维或更高维,不过一维结构数组用得最多.

创建结构体数组有两种方法:直接采用赋值语句给结构体的域赋值;通过结构体创建函数 struct 来创建结构体数组.

1. 通过赋值语句创建结构体数组

例 1-31　利用直接赋值语句创建结构体数组示例.

解　命令窗口程序:

>> circle.radius=2;

>> circle.center=[0,0];

>> circle.color='y';

>> circle.linestyle='--';

>> circle

circle =

　　radius: 2

center：[0 0]

color：'y'

linestyle：'--'

>> circle(2).radius=3；

>> circle(2).center=[1，1]；

>> circle(2).color='r'；

>> circle(2).linestyle='.-'；

>> circle

circle =

1x2 struct array with fields：

radius

center

color

linestyle

如果想增加结构体数组的域，可以通过下面的方式直接增加结构体的域.

>> circle(2).filled='yes'；　%增加新域 filled

>> circle

circle =

1x2 struct array with fields：

radius

center

color

linestyle

filled

>> circle(1).radius　%访问结构体域中的域值

ans =

2

2. 通过 struct 函数创建结构体数组

通过 struct 函数创建结构体数组的调用格式如下：

格式 1： s=struct('field1'，{}，'field2'，{}，…)

说明： 创建域名为 field1，field2，…的空结构体数组.

格式 2： s=struct('field1'，{value1}，'field2'，{value2}，…)

说明： 创建域名为 field1，field2，…的结构体数组，域名对应的值为 value1，value2，….

例 1-32　利用 struct 函数创建结构体数组示例.

解　命令窗口程序：

```
% 创建结构体
>> s1=struct( 'radius',4,'center',[0,0],'color','y' )
s1 =
    radius：4
    center：[0 0]
    color：'y'
% 创建结构体数组
>>s2=struct( 'radius',{4,2},'center',{[0,0],[1,1]},'color',{'y','r'} )
s2 =
1x2 struct array with fields：
    radius
    center
    color
>> s2( 2 )
ans =
    radius：2
    center：[1 1]
    color：'r'
```

1.10　程序设计

MATLAB 中的程序控制语句包括条件控制语句、循环控制语句和交互式语句等.

1.10.1　关系运算与逻辑运算

在关系运算与逻辑运算中,认为非零数值为真,零为假. 在输出时,对于真值输出为 1,对于假值输出为 0.

1. 关系运算
表 1-14 是 MATLAB 中常用的关系运算符.

表 1-14　关系运算符

关系运算符	函数	说明
==	eq(a,b)	等于
~=	ne(a,b)	不等于
>	gt(a,b)	大于
<	lt(a,b)	小于

关系运算符	函数	说明
>=	ge(a,b)	大于或等于
<=	le(a,b)	小于或等于

例 1-33 关系运算示例.

>> A=[1 2 3 1 1 2];

>> B=[1 1 1];

>> A>B

??? Error using ==> gt Matrix dimensions must agree.

说明：出错的原因是 A,B 的维数不一致.

>>C=[1 1 1 1 1 1];

>> A==C   % 等同于函数 eq(A,C)

ans =

     1   0   0   1   1   0

>> A>C   % 等同于函数 gt(A,C)

ans =

     0   1   1   0   0   1

>> A<=C   % 等同于函数 le(A,C)

ans =

     1   0   0   1   1   0

>> A==1

ans =

     1   0   0   1   1   0

由上述例题可知,所比较的两个量可以是维数相同的向量或矩阵,运算后返回同样维数的向量或矩阵;也可以一个是数组或矩阵,另一个是标量,运算后返回的运算结果与数组或矩阵的维数相同.当然两个标量也可以做比较.当两个量的维数不一致时,这两个量是不能进行比较的.

2. 逻辑运算

表 1-15 是 MATLAB 中常用的逻辑运算符.

表 1-15　逻辑运算符

逻辑操作符	对应函数	说　明
&	and(a,b)	逻辑与
|	or(a,b)	逻辑或

逻辑操作符	对应函数	说　明
~	not(a)	逻辑非
	xor(a,b)	逻辑异或（一真一假为真,其余为假）
	any(A)	A 中某列有非零元素时,此列返回 1
	all(A)	A 中某列都是非零元素时,此列返回 1
	find(a)	返回向量 a 中非零元素的位置标识组成的向量
	[r,c]=find(A)	返回矩阵 A 中非零元素的行和列的向量
	[r,c,v]=find(A)	v 表示非零元素的值向量

例 1-34　逻辑运算符示例

```
>> A=[1 2 0;0 4 0];
>> B=[0 1 1;0 0 1];
>> A&B
ans =
    0    1    0
    0    0    0
>> A|B      % 逻辑或,只要有一个为真,则返回 1
ans =
    1    1    1
    0    1    1
>> xor(A,B)  % 逻辑异或,一真一假为真,其余均为假
ans =
    1    0    1
    0    1    1
>> ~A
ans =
    0    0    1
    1    0    1
>> any(A)
ans =
    1    1    0
>> all(A)
ans =
    0    1    0
```

```
>> find( A )   % 等同于命令 find( A( : ) )
ans =
    1
    3
    4
>> [r,c]=find( A )   % 返回 A 中非零元素所在的行和列向量
r =
    1
    1
    2
c =
    1
    2
    2
>> [r,c,v]=find( A )    % 返回 A 中非零元素所在的行和列向量以及值向量
r =
    1
    1
    2
c =
    1
    2
    2
v =
    1
    2
    4
```

例 1-35 寻找矩阵 A=[1 2 0;0 4 0] 中的最大值以及最大值所在的位置.

```
>> A=[1 2 0;0 4 0];
>> maxA=max( max( A ) )
maxA =
    4
>> [r,c]=find( A==maxA )
r =
    2
```

c =

    2

1.10.2　条件控制语句

1. 单条件语句

格式 1:

    if　关系或逻辑表达式

        程序语句组

    end

说明:运行 if 语句时,首先计算关系或逻辑表达式的值,若此值为真则运行下面的程序语句组,若为假则跳到 end 后继续运行其他语句.

例 1-36　从键盘输入自变量 x 的值,并计算分段函数 $y = \begin{cases} x\sin x, & x > 0 \\ x^2 + e^x, & x \leqslant 0 \end{cases}$ 的值.

解　MATLAB 程序:

    x=input('x=');　% 屏幕提示 x=,由键盘输入值赋给 x

    y=x^2+exp(x);

    if　x>0　　% 不能对 x>0 加括号

        y=x*sin(x);　% 当 x>0 时,用新的 y 值覆盖原来的 y 值

    end

    y

当输入 x=2 时,运行结果:

    y =

        1.8186

上述程序中无论 x 取什么值永远会计算 y=x^2+exp(x)语句,为了避免这种情况,引入单条件语句的格式二.

格式 2:

    if　关系或逻辑表达式

        程序组 1

    else

        程序组 2

    end

说明:首先计算 if 后面的关系或逻辑表达式的值,若此值为真则运行程序组 1,若此值为假则运行程序组 2.

例 1-37　用格式 2 重新编写上面例题的程序.

解 MATLAB 程序：

```
x=input('x=');   % 屏幕提示 x=,由键盘输入值赋给 x
if   x>0
    y=x*sin(x);
else
    y=x^2+exp(x);
end
y
```

当 x=2 时,运行结果：

```
y =
    1.8186
```

2. 多条件语句

多条件语句包括 if 语句和 switch 语句两种格式.

1) if 语句格式

格式：

```
if 关系或逻辑表达式 1
    程序组 1
elseif 关系或逻辑表达式 2
    程序组 2
……
else
    程序组 n
end
```

说明： 首先判断 if 后的关系或逻辑表达式 1,若为真则运行程序组 1,然后跳到 end 后的程序继续运行;否则,判断关系或逻辑表达式 2 的值,若为真则运行程序组 2,然后跳到 end 后的程序继续运行;否则,判断关系或逻辑表达式 3……. 依次进行运算,当运行关系或逻辑表达式 $n-1$ 时,如果此值为假,则运行 else 后的程序组 n. 另外,需要注意的是如果 elseif 连在一起,则最后只需要一个 end,如果 else 和 if 中间有空格的话,则变成了由多个 if 语句构成的单条件语句,那么每个 if 后都要以 end 结尾.

例 1-38 从键盘输入一个数,并编写程序判断此数的符号.

解 MATLAB 程序：

```
x=input('x=');
if   x>0
    disp(['输入的值是 ',num2str(x),',此值是正数.'])
elseif   x<0
```

disp([' 输入的值是 ',num2str(x),', 此值是负数.'])

    elseif   x==0

        disp(' 输入的是 0, 此值无符号 ')

    else

        disp(' 输入的不是数, 或数的格式不对.')

    end

当从键盘输入 $x=2$ 时, 运行结果:

    输入的值是 2, 此值是正数.

2) switch 语句格式

格式:

    switch 表达式

    case 结果 1

        程序组 1

    case 结果 2

        程序组 2

    ……

    otherwise

        程序组 n

    end

说明: 首先计算 switch 后的表达式的值, 如果此表达式的值与某个 case 后的结果一致, 则运行此结果下面的程序组; 如果此表达式的值与 case 后的结果均不一致, 则运行 otherwise 下面的程序组, 最后跳过 end 继续运行程序.

例 1-39 从键盘输入一个整数, 判断此数是否可以被 2 整除.

解 MATLAB 程序:

    x=input('x=');

    switch mod(x,2)

        case 0

            disp(' 能被 2 整除 ')

        case 1

            disp(' 不能被 2 整除 ')

        otherwise

            disp(' 输入的数异常 ')

    end

当 $x=5$ 时, 运行结果:

    不能被 2 整除

1.10.3 循环控制语句

循环控制语句包括 for 循环语句和 while 循环语句.

1. for 循环语句

for 循环用于循环次数明确情况,其中控制循环的索引变量表示为向量形式,整个循环语句以 end 结束. 在运行的过程中依次访问索引向量中的元素,当访问到索引向量中的最后一个元素时,循环程序结束.

格式:

```
for   循环索引变量 = 初值:步长:终值
     循环程序组
end
```

例 1-40 编写程序计算 1+2+…+100.

解 MATLAB 程序:

```
clc;clear;
s=0;
for i=1:100
     s=s+i;
end
s
```

运行结果:

```
s =
     5050
```

例 1-41 已知矩阵 H,编写循环程序寻找矩阵 H 的最大值,并将最大值所在的行和列输出,其中

$$H = \begin{bmatrix} 1 & 2 & 5 & 1 \\ 1 & 5 & 3 & 4 \\ 2 & 2 & 5 & 1 \\ 1 & 1 & 4 & 1 \end{bmatrix}.$$

解 MATLAB 程序:

```
clc
clear
H=[1 2 5 1;1 5 3 4;2 2 5 1;1 1 4 1];
[m,n]=size(H);    % 返回矩阵 H 的行数和列数
maxH=max(max(H));  % 返回矩阵 H 的最大值
r=[];c=[];
```

% 定义最大值所在的行和列向量为空向量,通过程序将最大值所在的行和列分别填入向量 r 和 c 中

% 采用双循环来遍历矩阵 H 中的所有元素

```
for i=1:m     % 控制矩阵 H 的行索引参量
    for j=1:n    % 控制矩阵 H 的列索引参量
        if H(i,j)==maxH
            r=[r,i];    % 将最大值所在的行填入向量 r 中
            c=[c,j];    % 将最大值所在的列填入向量 c 中
        end
    end
end
% 将最大值所在的行数和列数输出
fprintf('矩阵 H 最大值为 %d,且最大值所在的行和列为 ',maxH)
k=length(r);
for i=1:k
    fprintf('第 %d 行,第 %d 列,',r(i),c(i))
end
```

运行结果:

矩阵 H 最大值为 5,且最大值所在的行和列为第 1 行第 3 列,第 2 行第 2 列,第 3 行第 3 列.

2. while 循环语句

while 循环用于在满足一定条件的情况下一直执行一段语句,当 while 后的条件不再满足时,则循环结束.

格式:

```
while   关系或逻辑表达式
    循环程序组
end
```

例 1-42 设银行年利率为 5.25%,将 10000 元钱存入银行,问多长时间会连本带利翻一番?(利息按复利算)

解 MATLAB 程序:

```
clc
clear
money=10000;
year=0;
while money<20000
```

```
        year=year+1;
        money=money*(1+0.0525);
    end
    disp(['存入' num2str(year)'年后本金会翻一番,'' 此时连本带利为' num2str
(money)])
```

运行结果:

存入 14 年后本金会翻一番,此时连本带利为 20469.605

1.10.4 交互式语句

在很多程序设计语言中,经常会遇到输入输出控制、提前终止循环、跳出子程序、显示出错信息等. 此时,就要用到交互式语句来控制程序的进行.

1. 输入输出控制语句

输入输出控制语句包括用户输入提示信息语句(input)和请求键盘输入语句(keyboard).

1)input 命令

input 命令用来提示用户从键盘输入数据、字符串或表达式,并接受输入值. 其调用格式如下:

格式 1:a=input('prompt')

说明:这种格式用来输入数值,在屏幕上会显示提示信息 prompt,用户输入的数值将赋给变量 a.

格式 2:str=input('prompt','s')

说明:这种格式用来输入字符串,输入的字符串赋值给 str(在输入字符串时不能加单引号).

例 1-43 通过 input 函数从键盘将下列内容输入到 student 结构体中.

姓名	学号	成绩
张伟	6010202100	95
张磊	6010202101	85
张建	6010202102	58

解 MATLAB 程序:

```
student=struct('name',{},'num',{},'score',{});
for i=1:3
    disp(['请输入第',num2str(i),'个学生的信息.'])
    student(i).name=input('请输入学生的姓名','s');
```

```
        student(i).num=input('请输入学生的学号','s');
        student(i).score=input('请输入学生的成绩');
    end
```

运行结果:

请输入第 1 个学生的信息.

请输入学生的姓名:张伟

请输入学生的学号:6010202100

请输入学生的成绩:95

请输入第 2 个学生的信息.

请输入学生的姓名:张磊

请输入学生的学号:6010202101

请输入学生的成绩:85

请输入第 3 个学生的信息.

请输入学生的姓名:张建

请输入学生的学号:6010202102

请输入学生的成绩:58

2）keyboard 命令

keyboard 命令是在 M 文件中请求键盘输入命令,当其被放置在 M 文件中时,将停止程序的运行,将控制权交给键盘.通过在提示符前显示 K 来表示一种特殊状态.在 M 文件中能使用该命令,对程序的调试及在程序中修改变量都很方便.如果想终止 keyboard 模式,只需键入 return 命令,然后按回车键即可.

例 1-44 keyboard 函数的用法示例.

解 MATLAB 程序:

```
clc;clear
st_score=fix(rand(1,1000)*100);   % 随机输入全校 1000 名学生成绩
disp('请输入你的成绩,赋值给 s_score:')
keyboard;
same_num=sum(st_score==s_score);   % 相同成绩人数
g_num=sum(st_score>s_score);   % 大于或等于你的成绩人数
fprintf('全校中与你同分数的人数为 %d 个,你的成绩在全校中位于第 %d 名.
\n',same_num,g_num+1)
```

运行结果:

请输入你的成绩,赋值给 s_score:

K>> s_score=85

s_score =

85

K>> return

全校中与你同分数的人数为 9 个,你的成绩在全校中位于第 149 名.

2. 输出语句

MATLAB 提供的命令窗口输出函数主要有 disp 函数和 fprintf 函数.

1) disp 函数

格式: disp(输出项)

说明: 输出项既可以是字符串也可以是数值.

例如:

>> a=' 北京欢迎您 ';

>> disp(a)

北京欢迎您

>> A=rand(2);

>> disp(A)

    0.9501   0.6068

    0.2311   0.4860

2) fprintf 函数

fprintf 函数最常见的使用方法通过下面语句说明.

>> fprintf(' 圆周率 pi=%10.8f\n',pi)

其输出结果为

圆周率 pi=3.14159265

说明: %m.nf 表示输出为浮点类型,一共占 m 位,小数点后保留 n 位有效数字. 如果实际输出超过 m 位,则按照实际宽度输出;如果未超过 m 位,则在左侧补一定量的空格.

>> a=33.3;

>>fprintf('a=%d',a)

其输出结果为

a=3.330000e+001   % 按整型输出 a 的值

>> fprintf('a=%f\n',a)

其输出结果为

a=33.300000   % 按浮点型输出 a 的值

>>s='i love matlab' ;

>>fprintf('%s\n',s)   % 输出字符串

其输出结果为

i love matlab

3. 等待用户响应命令 pause

pause 命令用于暂时中止程序的运行. 当程序运行到此命令时, 程序暂时中止, 然后等待用户按任意键继续进行. 该命令在程序的调试过程中和用户需要查询中间结果时十分有用. 该命令的调用格式如下:

格式 1: pause

说明: 此命令将导致 M 文件的停止, 等待用户按下任意键继续运行.

格式 2: pause(n)

说明: 在继续执行前中止程序 n 秒, 这里 n 可以是任意实数, 时钟的精度是由 MATLAB 的平台所决定的, 绝大多数工作平台都支持 0.01 秒的运行时间.

4. continue 和 break 命令

continue 命令是结束本次循环, break 命令是结束本层循环.

例如在一个 for 循环中, 假设循环索引变量是 i, 在 i 的取值为 1 到 100 之间的情况下执行循环(即执行 100 次循环), 且循环模块中的语句总共有 30 条. 如果在 $i=50$ 时, 执行了循环区域中的前 10 条语句后出现了 continue 语句, 则此时程序会放弃执行剩下的 20 条语句, 转而执行 $i=51$ 的循环. 因此 continue 语句并不改变循环的总次数, 只会导致某次(些)循环执行得不完整.

在相同情况下, 如果程序在执行了循环区域中的前 10 条语句后出现了 break 语句, 则直接跳出该 for 循环, 转而执行整个循环模块以外后面的语句. 如果该循环模块包含在另一个大的循环模块中, 则继续在大循环模块中执行循环. 因此, break 语句会改变循环的次数.

例 1-45 break 命令的用法示例.

解 MATLAB 程序:

```
clc;clear
fprintf('i 的输出值为 ')
for  i=1:5
    if  i==3
        break   % 退出循环
    end
    fprintf('i=%d   ',i)
end
```

运行结果:

i 的输出值为 i=1 i=2

说明: 当 $i=3$ 时执行 break 命令, 直接跳出 for 循环, 因此输出结果只有 $i=1, i=2$.

例 1-46 continue 命令的用法示例.

解 MATLAB 程序:

```
clc;clear
```

```
fprintf( 'i 的输出值为 ' )
for   i=1:5
    if   i==3
         continue   % 结束本次循环
    end
    fprintf( 'i=%d   ',i )
end
```

运行结果:

i 的输出值为 i=1   i=2   i=4   i=5

说明: 当 $i=3$ 时,执行 continue 命令,跳出本次循环(也就是 $i=3$ 的这层循环),运行 $i=4$ 时的循环程序,因此 i 输出值为 $1,2,4,5$.

5. return 命令

return 命令能够使当前的程序正常退出. 这个语句经常用于程序的末尾,以正常结束程序的运行. 当然,该命令也经常被用于其他地方,如首先对特定的条件进行判断,然后根据需要调用该命令终止当前运行并返回.

例 1-47   return 命令用法示例.

解   MATLAB 程序:

```
clc;clear
m=1;
n=2;
y1=m+n;
fprintf( ' 运行加法运算,m+n 的值为 %d',y1 )
return   % 终止当前程序,即 return 后面的程序不运行
y2=m*n;
fprintf( ' 运行乘法运算,m*n 的值为 %d',y2 )
```

运行结果:

运行加法运算,m+n 的值为 3

习题 1

1. 试用 MATLAB 计算下列表达式：

（1）$\log_2 5 + \sqrt{8} - e^3$；

（2）利用 MATLAB 函数输出复数 3-5i 的实部、虚部、辐角及其共轭复数.

2. 利用 MATLAB 函数计算不超过 -1.305 的最大整数.

3. 利用 MATLAB 函数计算 45678 除以 53 的商和余数.

4. 利用 MATLAB 帮助系统查询函数 inv、roots、solve、plot、ezplot 的功能和用法.

5. 用冒号创建法创建向量 $a1=[2\ 4\ 6\ 8\ 10]$.

6. 用 linspace 函数创建含有 30 个元素的向量 $a2$，其中向量的初始元素为 0，终止元素为 2π.

7. 将向量 $a2$（第 6 题）的第 6 个、第 7 个、第 8 个元素赋值给向量 b.

8. 将向量 $a1$（第 5 题）中比 5 大的元素组成一个新的向量.

9. 已知矩阵 $A = \begin{bmatrix} 3 & 2 \\ 2 & 1 \end{bmatrix}$，$B = \begin{bmatrix} 1 & 2 \\ 3 & 2 \end{bmatrix}$，试运行下列运算：

（1）$A.*B, A.\backslash B, A.\wedge B$；

（2）$A>B, A==B, A<B, A\&B, A|B$；

（3）$(A==B)\&(A<B)$.

10. 利用公式 $\dfrac{\pi}{4} = 1 - \dfrac{1}{3} + \dfrac{1}{5} - \dfrac{1}{7} + \dfrac{1}{9} - \cdots$，求 π 的近似值，计算精度为 10^{-6}.

11. 编写函数 $n!$，并计算 $\sum\limits_{i=1}^{50} i!$.

12. 随机生成 10 个元素的整数向量，并编写程序对此向量从小到大进行排序.

13. 一个球从 100 米高度自由落下，每次落地后反跳回原高度的一半，然后再落下. 求它在第 10 次落地时，共经过多少米？第 10 次反弹有多高？

14. 将下表生产结构体数组.

Name	Num	Sex	Score
张三	6017202000	男	85
李四	6017202001	男	16

第 2 章　MATLAB 绘图

MATLAB 不仅具有强大的数值运算功能,也同样具有强大的二维和三维绘图功能.
MATLAB 提供了功能非常强大、使用非常方便的图形编辑功能,通过图形,用户可以直接观察数据间的内在关系,也可以方便地分析各种数据结果.

2.1　二维图形

2.1.1　单窗口曲线绘制

1. plot 函数

plot 函数是绘制二维图形的最基本函数,它是针对向量或矩阵的列来绘制曲线的. 也就是说,使用 plot 函数之前,必须首先定义好曲线上每一点的横、纵坐标. 另外, plot 函数绘制曲线的基本原则是连接图形中相邻两点的直线段,因此如果用来绘制曲线的点比较少的话,绘制出来的线是折线;如果用来绘制曲线的点比较多的话,绘制出来的线是曲线. 常用的调用格式有如下四种:

格式 1: plot(y)

说明:此格式用来画一条或多条折线图,其中 *y* 是数值向量或数值矩阵. 如果 *y* 是实数向量,则以 *y* 的元素为纵坐标,以 1 开始的与 *y* 同长度的自然数向量为横坐标来绘图;如果 *y* 是复数向量,则以 *y* 中元素的实部为横坐标,虚部为纵坐标绘图;如果 *y* 是矩阵,则以 *y* 的每列作为一个向量来绘制多条曲线.

例 2-1　运行如下命令:

```
clc; clear; clf   %clf 表示清除图形窗口
y=[1 2 3 2 3 6];
plot( y )
hold on   % 保持图形不变
plot( y,'o' )
```

运行结果如图 2-1 所示.

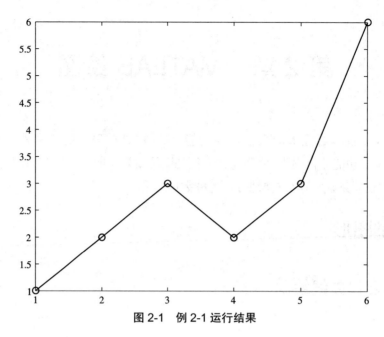

图 2-1　例 2-1 运行结果

例 2-2　运行如下命令：

```
clc; clear; clf
y=[1,2,3;2,3,4;3,1,8];
plot( y )
hold on
plot( y,'o' )
```

运行结果如图 2-2 所示.

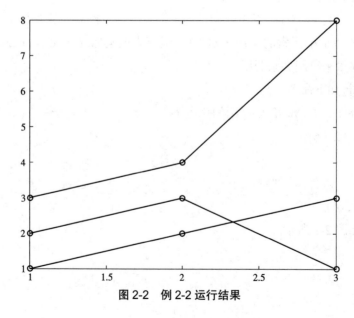

图 2-2　例 2-2 运行结果

格式2:plot(x,y)

说明:此格式用来画一条或多条折线图,其中 x 和 y 可以是同维数的向量或矩阵.如果 x 和 y 是向量,则以 x 的元素为横坐标,以 y 的元素为纵坐标绘图;如果 x 和 y 是矩阵,则以 x 的第 i 列为横坐标,以 y 的第 i 列为纵坐标绘制第 i 条曲线;如果 x 是向量,y 是矩阵,则以 x 的元素为横坐标,以 y 的第 i 列为纵坐标绘制第 i 条曲线.

例2-3 在区间 $[-\pi,\pi]$ 上,绘制曲线 $y=\sin x$ 的图形.

解 MATLAB 程序:

```
clc; clear; clf
x=-pi:pi/100:pi;
y=sin(x);
plot(x,y)
grid on    % 在图形窗口中加栅格,后面章节说明.
```

运行结果如图 2-3 所示.

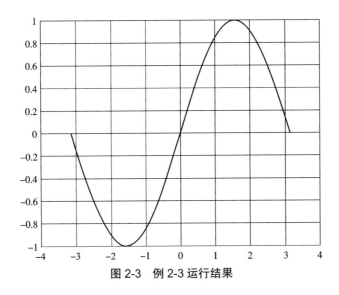

图 2-3 例 2-3 运行结果

例2-4 画出方程 $x^2+y^2=1$ 的图形.

下面采取两种方法来绘制此图.

方法1:

首先将方程转化为参量方程 $\begin{cases} x = \sin t \\ y = \cos t \end{cases}$ $0 \leq t \leq 2\pi$.

解 MATLAB 程序:

```
clf; clc; clear
t=0:pi/100:2*pi;
x=cos(t);y=sin(t);
```

```
plot( x,y );
grid on
```

运行结果如图 2-4 所示.

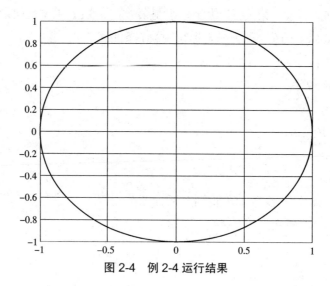

图 2-4 例 2-4 运行结果

方法 2:

首先将方程分解为两个函数: $y_1 = \sqrt{1-x^2}$, $y_2 = -\sqrt{1-x^2}$, 通过绘制这两条曲线来完成图形的绘制.

解 MATLAB 程序:

```
clf; clc; clear
x=-1:0.01:1;
y1=sqrt( 1-x.^2 );
y2=-sqrt( 1-x.^2 );
% 此处必须对向量中的每个元素进行平方,因此用点幂次方的计算符号
y=[y1',y2'];
plot( x,y )
grid on
```

运行结果与图 2-4 一致.

格式 3: plot(x1,y1,x2,y2,……)

说明:此格式可以在同一个窗口内绘制多条折线图.

例 2-5 在同一图形窗口中绘制出三个函数 $y=x$, $y=-x$, $y=x*\sin x$ 的图形,自变量 x 的范围是 $-20 \leqslant x \leqslant 20$.

解 MATLAB 程序:

```
clf;clc;clear
x=-20:0.01:20;
```

```
y1=x;
y2=-x;
y3=x.*sin( x );
plot( x,y1,x,y2,x,y3 )
grid on
```

运行结果如图 2-5 所示.

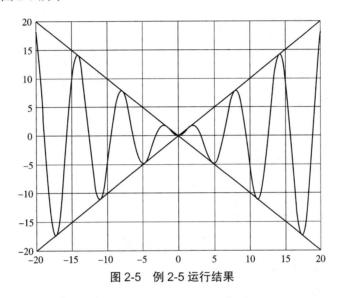

图 2-5 例 2-5 运行结果

格式 4: plot(x,y,'S')或 plot(x1,y1,'S',x,y2,'S',...)

说明: 参数 S 代表颜色、标记类型、线型构成的字符串,缺省的时候由 MATLAB 的默认设置来确定. 表 2-1 列出了颜色、标记类型、线型的设置值. 同时,还可以在参数 S 后加写参数 "'linewidth',n"用以控制线条的宽度,n 代表线宽等参数.

表 2-1 颜色、标记类型、线型

线型标志符	线型名称	颜色标志符	颜色名称	标记标志符	标记名称
—	实线	r	红色	.	点
--	虚线	m	品红	o	圈
-.	点画线	y	黄色	×	叉
:	点线	g	绿色	+	"十"字
		b	蓝色	*	星花
		c	青色	s	方框
		k	黑色	d	菱形
		w	白色	h	类六星

例 2-6 用点线线型、星花标记、红色曲线绘制在区间$[-\pi,\pi]$上 $y=\sin x$ 的图形.

解 MATLAB 程序:

```
clf; clc; clear
```

61

```
x=-pi:pi/50:pi;
y=sin(x);
plot(x,y,':*k')      % 黑色星花点线
grid on
```
运行结果如图 2-6 所示.

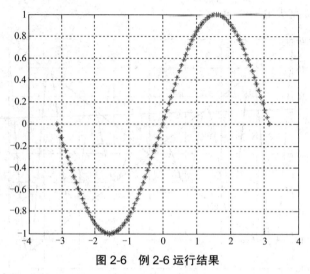

图 2-6　例 2-6 运行结果

例 2-7　用黑色的点画线绘制参数方程 $x=\sin 3t\cos t$，$y=\sin 3t\sin t$ 在 $[0,\pi]$ 上对应的图形.

解　MATLAB 程序：

```
clc;clear;clf;
t=0:0.01:pi;
x=sin(3*t).*cos(t);y=sin(3*t).*sin(t);
plot(x,y,'k-.')    % 黑色点画线
```
运行结果如图 2-7 所示.

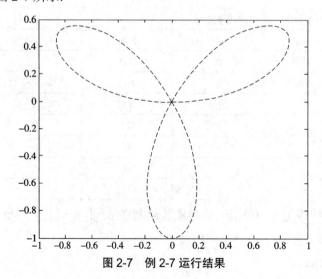

图 2-7　例 2-7 运行结果

2. 对数图形函数

在很多工程问题中,由于数据很大,需要将这些数据转换为对数形式,这样大数据就变为小数据,通过对数据进行对数转换可以更清晰地看出数据的某些特征,在对数坐标系中描绘数据点的曲线,可以直接完成对数转换. 对数图形函数包含双轴对数转换函数和单轴对数转换函数两种. 用 loglog 函数可以实现双轴对数坐标转换,用 semilogx 和 semilogy 函数可以实现单轴对数坐标转换.

1) semilogx 命令

semilogx(x, y)命令与 plot(log10(x), y)绘制出的曲线形状一致,但用该函数绘制图形时, x 轴采用指数坐标.

2) semilogy 命令

semilogy(x, y)命令与 plot(x, log10(y))绘制出的曲线形状一致,但用该函数绘制图形时, y 轴采用指数坐标.

3) loglog 命令

loglog(x, y)命令与 plot(log10(x), log10(y))绘制出的曲线形状一致,但用该函数绘制图形时, x 轴、 y 轴均采用指数坐标.

例 2-8 用 semilogx(x, y)绘制函数 $y = \lg(x)$ 在区间 $[1, 10]$ 上的图形.

解 MATLAB 程序:

```
clc;clear;clf;
x=1:10;
y=log10( x );
subplot( 1,2,1 )  % 分割图形窗口命令,后续章节讲解
semilogx( x,y );
title( 'semilogx( x,y )' )  % 对曲线标注名称的命令,后续章节讲解
xlabel( 'x' )  % 对 x 轴加标注,后续章节讲解
subplot( 1,2,2 )
plot( log10( x ),y )
title( 'plot( log10( x ),y )' )
xlabel( 'log10( x )' )
```

运行结果如图 2-8 所示.

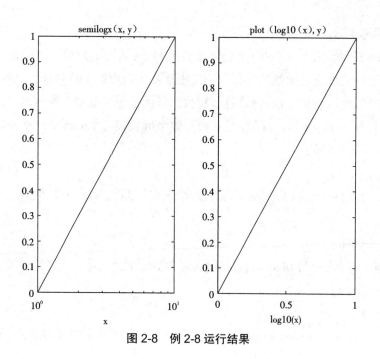

图 2-8   例 2-8 运行结果

例 2-9   分别用 plot(x,y), semilogy(x,y)以及 loglog(x,y)绘制函数 $y = 10^x$ 在 [1, 10] 区间上的图形.

解   MATLAB 程序：

```
clc;clear;clf;
x=1:0.1:10;
y=power(10,x);
subplot(2,2,1)    % 单窗口多曲线绘图命令
plot(x,y)
title('plot(x,y)')    % 对曲线加名称的命令
xlabel('x')    % 对 x 轴加标注
subplot(2,2,2)
semilogy(x,y)
title('semilogy(x,y)')
xlabel('x')
subplot(2,2,3)
loglog(x,y)
title('loglog(x,y)')
xlabel('x')
```

运行结果如图 2-9 所示.

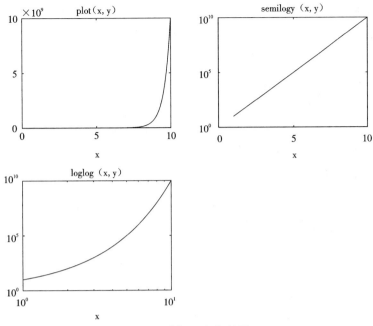

图 2-9 例 2-9 运行结果

3. 双坐标轴函数 plotyy

双坐标轴问题是科学计算和绘图中经常遇到的问题,当需要将同一个自变量的两个不同量纲、不同数量级的函数曲线绘制在同一图形中时,就需要在图形中使用双坐标轴,plotyy 函数的调用格式如下:

格式 1:plotyy(x1,y1,x2,y2)

说明:该函数左侧的 y 轴坐标来绘制 x1,y1 对应的图形,右侧的 y 轴来绘制 x2,y2 对应的图形.

格式 2:plotyy(x1,y1,x2,y2,'function')

说明:该函数用参数 function 指定绘制图形时所用到的绘图函数,然后根据该函数和提供的数据绘制每个图形. 其中,参数 function 可以是 plot、semilogx、semilogy、loglog 等.

格式 3:plotyy(x1,y1,x2,y2,'function1' ,'function2')

说明:该函数用参数 function1 指定的函数绘制左侧图形,用参数 function2 指定的函数绘制右侧图形.

格式 4:[AX,H1,H2]=plotyy(...)

说明:该函数将创建的坐标轴句柄保存到返回值 AX 中,将绘制的图形对象句柄保存到返回值 H1 和 H2 中. 其中, AX(1)中保存的是左侧坐标轴的句柄值, AX(2)中保存的是右侧坐标轴的句柄值.

例 2-10 利用 plotyy 绘制多轴图形示例.

解 MATLAB 程序:

```
clc;clear;clf
```

```
x=0:0.05:20;
y1=200*exp(-0.01*x).*sin(x);
y2=exp(-0.5*x).*sin(10*x);
[AX,H1,H2]=plotyy(x,y1,x,y2);
set(get(AX(1),'ylabel'),'string','慢衰减')    % 标注左侧纵坐标轴
set(get(AX(2),'ylabel'),'string','快衰减')    % 标注右侧纵坐标轴
xlabel('时间');    title('不同衰减速度对比')
```

运行结果如图 2-10 所示.

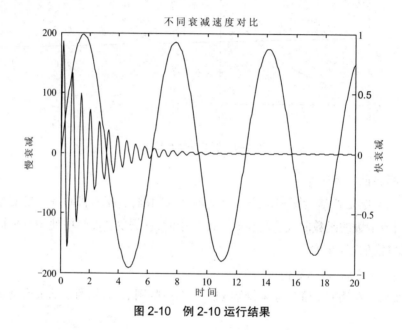

图 2-10　例 2-10 运行结果

2.1.2　单窗口多曲线分图绘制

MATLAB 可以把图形窗口区域分成若干个小窗口独立绘图,用 subplot 函数即可实现图形窗口展现多个子图形,其调用格式如下:

格式: subplot(m,n,p)

说明: 该命令将当前图形窗口分为 m×n 个绘图区域,即每行 n 个绘图区域,共 m 行,并按行从左到右、从上到下依次进行编号为 1,2,…,m×n,且限定在第 p 个区域进行绘图.

例 2-11　在同一个图形窗口中绘制正弦、余弦、正切、余切这四条曲线.

解　MATLAB 程序:

```
clc; clear; clf
x=0:0.1:10;
y1=sin(x); y2=cos(x); y3=tan(x); y4=cot(x);
subplot(2,2,1)
```

$\text{plot}(\text{x},\text{y1});\quad \text{title}('\text{sinx}')$

$\text{subplot}(2,2,2)$

$\text{plot}(\text{x},\text{y2});\quad \text{title}('\text{cosx}')$

$\text{subplot}(2,2,3)$

$\text{plot}(\text{x},\text{y3});\text{title}('\text{tanx}')$

$\text{subplot}(2,2,4)$

$\text{plot}(\text{x},\text{y4});\text{title}('\text{cotx}')$

运行结果如图 2-11 所示.

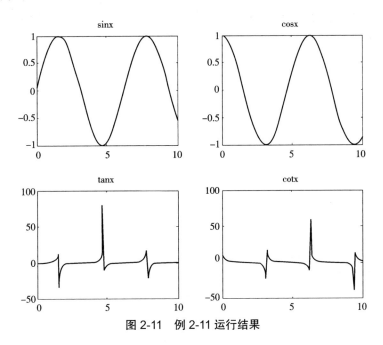

图 2-11 例 2-11 运行结果

2.1.3 符号函数绘图

前面介绍的 plot 命令是对数据点连线绘制平面曲线. 在实际应用中, 如果不太了解某个函数的变化趋势, 在使用 plot 命令绘制该图形时, 就有可能因为自变量的范围选取不当而使函数图形失真. 这时可以根据微分的思想, 将图形的自变量间隔取得足够小来减小误差, 但是这样做会增加 MATLAB 处理数据的负担, 从而降低效率.

MATLAB 提供的通过符号函数绘制函数图形的命令解决了该问题, 符号函数绘图有以下两种函数形式.

1.fplot 命令

fplot 命令可在指定的范围内绘制函数图形, 函数必须是 $y=f(x)$ 的形式, 且可以同时绘制多条曲线. 其特点是绘图数据点是自适应产生的. 在函数图形平坦处, 它所取的数据点比较稀疏; 在函数图形变化剧烈处, 它将自动取较密的数据点, 这样就能保证绘图的质量和效率. fplot 函数的调用格式有以下两种：

格式 1：fplot(fun,xspan,'S')

说明：该函数用来绘制显函数的图形，其中 fun 是函数名，可以是字符串定义的函数、M 函数的句柄以及匿名函数；xspan 表示绘制图形的坐标轴取值范围，有两种表示形式，[xmin, xmax] 表示绘制图形 x 轴的范围，[xmin, xmax, ymin, ymax] 表示绘制图形 x, y 轴的范围；S 用于修饰曲线，与 plot 函数一致.

格式 2：fplot(xt,yt,tspan)

说明：该函数用来绘制参量方程的图形，其中 tspan 表示参变量的范围.

例 2-12 分别用指令 plot 与 fplot 绘制曲线 $y=\sin(1/x)$ 在区间 [-1,1] 上的图形.

解 MATLAB 程序：

```
clc; clear; clf;
subplot( 1,2,1 )
fplot( 'sin( 1/x )',[-1,1] );
title( 'fplot 绘制图形' )
subplot( 1,2,2 )
x=-1:0.1:1;
y=sin( 1./x );
plot( x,y );
title( 'plot 绘制图形' )
```

运行结果如图 2-12 所示.

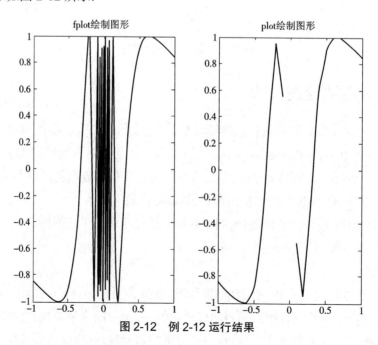

图 2-12　例 2-12 运行结果

例 2-13 用 fplot 函数绘制曲线 $\begin{cases} x = \cos(3t) \\ y = \sin(2t) \end{cases}$ 在区间 $[0,10]$ 上的图形.

解 MATLAB 程序:

```
clc;clear;clf
xt=@( t )cos( 3*t );
yt=@( t )sin( 2*t );
fplot( xt,yt,[0,10] )
```

运行结果如图 2-13 所示.

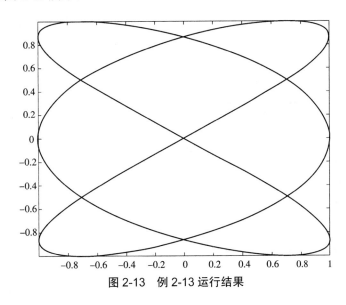

图 2-13 例 2-13 运行结果

2. ezplot 命令

fplot 命令只能绘制显函数和参量方程的图形,不能绘制隐函数的图形,而 ezplot 命令可以完成显函数、隐函数、参量方程图形的绘制,并且这些函数既可以是字符串函数也可以是符号函数,但绘制曲线的线型、颜色等不能自定义.其绘图函数为字符串函数的调用格式如下:

格式 1:ezplot('f(x)',[a,b])

格式 2:ezplot('f(x,y)',[xmin,xmax,ymin,ymax])

格式 3:ezplot('x(t)','y(t)',[tmin,tmax])

说明:该命令每次只能绘制一条曲线,在绘出曲线的同时自动在图形的上侧标注函数解析式,下侧标注自变量的名称,曲线的颜色、线型无法控制.

例 2-14 在 $[-1,2]$ 上画 $y = e^{2x} + \sin(3x^2)$ 的图形.

解 MATLAB 程序:

```
clc;clear;clf
ezplot( 'exp( 2*x )+sin( 3*x^2 )',[-1,2] )
```

运行结果如图 2-14 所示.

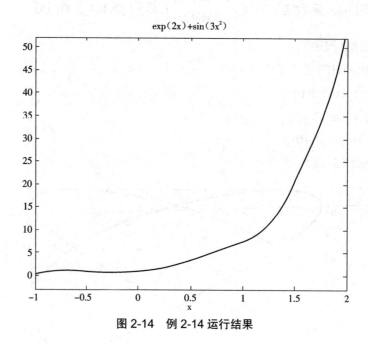

图 2-14　例 2-14 运行结果

例 2-15　绘制五叶玫瑰线 $x=\sin 5t*\cos t,y=\sin 5t*\sin t$.

解　MATLAB 程序:

　　clc;clear;clf

　　ezplot('sin(5*t)*cos(t)','sin(5*t)*sin(t)',[0,2*pi])

运行结果如图 2-15 所示.

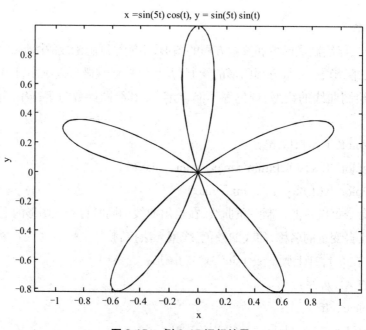

图 2-15　例 2-15 运行结果

例 2-16 绘制 $e^{xy}=x+y$ 的图形.

解 MATLAB 程序：

    clc;clear;clf
    ezplot('exp(x*y)-x-y',[0,1,1,10])

运行结果如图 2-16 所示.

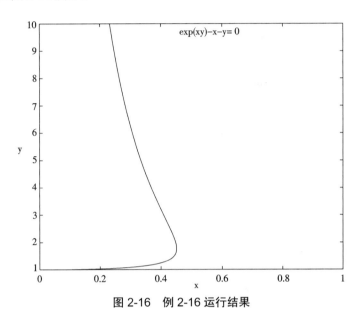

图 2-16 例 2-16 运行结果

2.2 三维图形

MATLAB 绘制三维图形的命令非常丰富,这里仅介绍最基本、最常用的三维绘图命令:
三维曲线和三维曲面绘图命令.

2.2.1 绘制三维曲线图形

与绘制平面图形的命令类似,三维空间曲线的绘制命令调用格式如下:

格式 1: plot3(x1,y1,z1,'S1')

格式 2: plot3(x1,y1,z1,'S1',x2,y2,z2,'S2',…)

格式 3: ezplot3('x','y','z',[a,b])

例 2-17 绘制三维螺旋曲线 $\begin{cases} x = \cos t \\ y = \sin t \\ z = t \end{cases}$.

解 MATLAB 程序：

    clc; clear;clf

```
t=0:0.02:50;
x=cos(t);
y=sin(t);
z=t;
% 应用 plot3 绘制的螺旋曲线
subplot(1,2,1);plot3(x,y,z);
title('应用 plot3 绘制的螺旋曲线')
grid on; xlabel('x'); ylabel('y')
% 应用 ezplot3 绘制的螺旋曲线
subplot(1,2,2)
ezplot3('cos(t)','sin(t)','t',[0,50])
```

运行结果如图 2-17 所示.

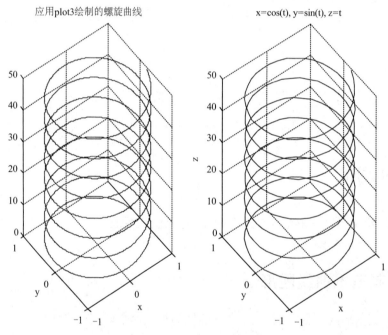

图 2-17　例 2-17 运行结果

2.2.2　绘制三维曲面图形

二元函数 $z=f(x,y)$ 对应的图形是三维空间曲面,而空间曲面图形对了解二元函数特性有很大的帮助.下面是绘制空间曲面的一些常用命令.

1. meshgrid 命令

在绘制平面曲线时,plot 命令的绘图方法是连接给定的平面数据点中相邻的两点,从而构成折线图;三维空间曲面的绘制方法是将给定的空间数据点中相邻的四个点连接起来构成四边形,所有这些四边形拼接起来就构成空间曲面.因此,首先应该生成这些空间中的点.由于一般的二元函数的定义域为平面区域,因此首先应该找到空间点所对应的平面区域中的点(x,y)(这个点也称为格点),然后带入到二元函数中确定相应的 z 值,这样就确定了空间中点的坐标(x,y,z). meshgrid 函数就是用来生成平面区域中的点的坐标的函数.

meshgrid 的调用格式:

格式 1: [X,Y]=meshgrid(x,y)

格式 2: [X,Y]=meshgrid(x) 等价于 [X,Y]=meshgrid(x,x)

说明: 函数中的 x 是横坐标的分割点构成的向量, y 是纵坐标的分割点构成的向量;根据横、纵坐标的分割点画平行于坐标轴的直线,直线的交点就是要找的平面区域中的点(图2-18),这些点的横坐标的集合构成输出变量 X,纵坐标的集合构成输出变量 Y.并且 X 与 Y 具有相同的维数.

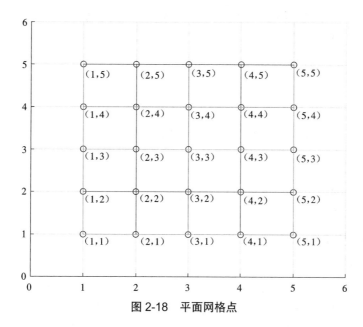

图 2-18 平面网格点

例 2-18 已知向量 *x*=[1 2 3 4 5],*y*=[1 2 3 4 5],利用 meshgrid 命令生成网格点矩阵 *X*,*Y*.

解 MATLAB 命令:

x=1:5;y=1:5;

[X,Y]=meshgrid(x,y)

运行结果:

X =

1	2	3	4	5
1	2	3	4	5
1	2	3	4	5
1	2	3	4	5

$$
\begin{array}{ccccc}
1 & 2 & 3 & 4 & 5
\end{array}
$$

Y =

$$
\begin{array}{ccccc}
1 & 1 & 1 & 1 & 1 \\
2 & 2 & 2 & 2 & 2 \\
3 & 3 & 3 & 3 & 3 \\
4 & 4 & 4 & 4 & 4 \\
5 & 5 & 5 & 5 & 5
\end{array}
$$

2. mesh 命令

mesh 函数用来绘制三维网格曲面图形,其调用格式如下:

格式 1:mesh(X,Y,Z)

说明:用来绘制一个三维网格曲面图形,其中 X,Y,Z 可以为同维数的矩阵,也可以是向量.如果 X 和 Y 为向量,并且 length(X)=m,length(Y)=n,则 Z 为一个 $m \times n$ 维的矩阵.

格式 2:meshc(X,Y,Z)

说明:除了生成与 mesh 相同的三维网格曲面图形以外,同时在 Oxy 平面内生成曲面的等高线图形.

格式 3:meshz(X,Y,Z)

说明:除了生成与 mesh 相同的三维网格曲面图形以外,还在网格图形下面加上一个长方形的台柱,使图形更加美观.

例 2-19 分别用 mesh,meshc,meshz 画出函数 $z = \sin(\sqrt{x^2 + y^2}) / \sqrt{x^2 + y^2}$ 在 $-8 \leqslant x, y \leqslant 8$ 上的图形.

解 MATLAB 命令:

```
clc;clear;clf
t=-8:0.1:8;
[x,y]=meshgrid(t);
r=sqrt(x.^2+y.^2)+eps;
%eps 代表很小的正数,加入 eps 可以避免出现零为除数的情况
z=sin(r)./r;
subplot(1,3,1);
mesh(x,y,z);
title('mesh')
axis([-8,8,-8,8,-0.5,0.8])
subplot(1,3,2);
meshc(x,y,z);title('meshc')
axis([-8,8,-8,8,-0.5,0.8])
```

subplot(1,3,3);

meshz(x,y,z);title('meshz')

axis([-8,8,-8,8,-0.5,0.8])

运行结果如图 2-19 所示.

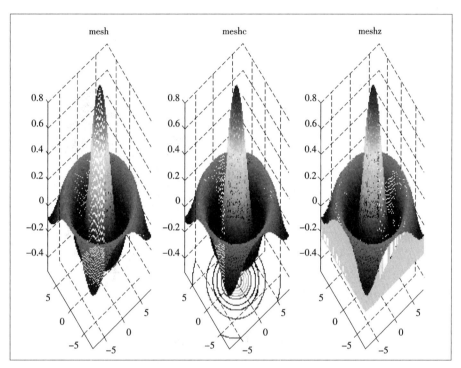

图 2-19　例 2-19 运行结果

3. surf 命令

surf 函数用来绘制三维曲面图形,其调用格式如下.

格式 1:surf(X,Y,Z)

说明:用来绘制一个三维曲面图形,其中 X,Y,Z 可以为同维数矩阵,也可以是向量,如果 X 和 Y 为向量,并且 length(X)=m,length(Y)=n,则 Z 为一个 $m \times n$ 维的矩阵.

格式 2:surf(X,Y,Z,C)

说明:其中 C 为矩阵,绘制出的图形颜色由 C 决定.

例 2-20　分别用 mesh,surf 画出函数 $z=x^2-y^2$ 在 $-8 \leqslant x,y \leqslant 8$ 上的图形.

解　MATLAB 命令:

t=-8:0.5:8;

[x,y]=meshgrid(t);

z=x.^2-y.^2;

subplot(1,2,1);

mesh(x,y,z);title('mesh')

axis([-8,8,-8,8,-70,70])

subplot(1,2,2)

surf(x,y,z);title('surf')

axis([-8,8,-8,8,-70,70])

运行结果如图 2-20 所示.

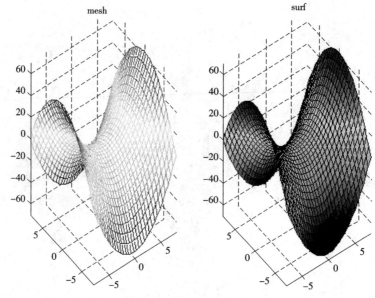

图 2-20　例 2-20 运行结果

2.3　特殊图形

2.3.1　特殊平面图形

1. 条形图

MATLAB 用 bar 和 barh 命令绘制二维条形图, 分别绘制二维竖直条形图和二维水平条形图. 这两个函数的调用方式相同, 调用格式如下.

格式 1: bar(x,y)

说明: x 为 n 维向量, y 可以为向量也可以为矩阵, 当 y 为向量时, y 的维数与 x 相同, 则显示具有 n 个竖直条形的条形图; 当 y 为矩阵时, y 的行数必须和 x 的维数相同, 即为 $n \times m$ 维矩阵, 则显示 n 组具有 m 个竖直条形的条形图.

格式 2: bar(y)

说明: 与 bar(x,y)中 x 取 1 到 length(y)(y 为向量)或 size(y,1)(y 为矩阵)命令显示格式相同.

格式 3: bar(x,y,'style')

说明:指定条形的排列类型.类型有"group"和"stack",其中"group"为默认类型.group:若 y 为 $n×m$ 维矩阵时,则显示 n 组具有 m 个竖直条形的条形图.stack:若 y 为 $n×m$ 维矩阵时,则将矩阵 y 的每一行显示在一个条形中,条形的高度为该行向量的分量和,并且同一个条形中的不同分量用不同的颜色显示出来.

　　水平条形图的调用方式与竖直条形图调用方式一致,也分为上述三种情况:barh(x,y);barh(y);barh(x,y,'style').

　　例 2-21　使用 bar 和 barh 函数绘图示例.

　　解　MATLAB 程序:

```
clc;clear;clf
y=rand( 3,4 )*10;    % 随机生成一个 3 行 4 列矩阵
subplot( 2,2,1 )
bar( y,'group' );title( 'group' )  % 绘制 3 组,每组有 4 个竖直条的竖直条形图
subplot( 2,2,2 )
bar( y,'stack' ); title( 'stack' )
% 绘制 3 个竖直条,每个竖直条分为 4 部分的竖直条形图
subplot( 2,2,3 )
barh( y,'group' );title( 'group' )  % 绘制 3 组,每组有 4 个水平条的平行条形图
subplot( 2,2,4 )
barh( y,'stack' )  % 绘制 3 个水平条,每个水平条分为 4 部分的平行条形图
title( 'stack' )
```

运行结果如图 2-21 所示.

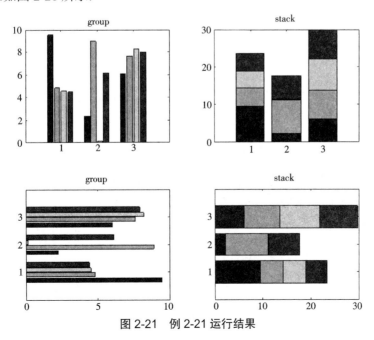

图 2-21　例 2-21 运行结果

2. 饼形图

饼形图可以显示向量或矩阵中元素在总体中的百分比. 在统计学中, 经常要用饼形图来表示各个统计量占总量的份额. MATLAB 中使用 pie 函数来绘制二维饼形图. 其调用格式如下:

格式 1:pie(y)

说明:绘制 y 的饼形图, 其中 y 可以为向量和矩阵, 如果 y 为矩阵, 则矩阵中的元素按照各列的顺序进行排列. 在绘制时, 如果 y 的元素和大于 1, 则按照每个元素所占的百分比进行绘制; 如果元素和小于 1, 则按照每个元素值进行绘制, 绘制出一个不完整的饼形图.

格式 2:pie(y,explode)

说明:参数 explode 为与 y 同维数的向量, explode 中非零的量对应的地址所对应的 y 中的元素会被扇形突出显示.

格式 3:pie(⋯,labels)

说明:参数 labels 为与 y 同维数的元胞数组, 用来标注所对应的扇形区域.

例 2-22　使用 pie 函数绘图示例.

解　MATLAB 程序:

```
y1=[1 2 3 4];
y2=[0.1 0.2 0.5];
A=[1 2;3 4];
subplot( 2,3,1 );
pie( y1 );
title( '元素和大于 1' );
subplot( 2,3,2 );pie( y2 );
title( '元素和小于 1' )
subplot( 2,3,3 ),pie( A ),
title( 'y 为矩阵' )
subplot( 2,3,4 ),pie( y1,[0 1 0 1] ),
title( '突出显示第 2,4 块' )
subplot( 2,3,5 ),pie( y1,{'North','South','East','West'} )
title( '对扇形区域加标注' )
```

运行结果如图 2-22 所示.

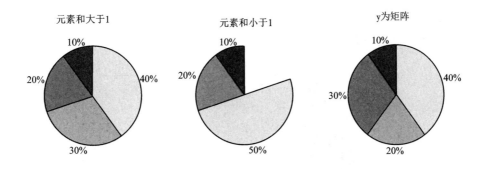

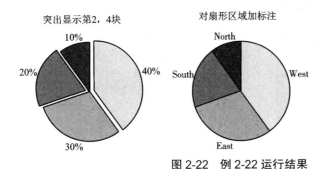

图 2-22　例 2-22 运行结果

3. 面积图

area 函数用于显示向量或矩阵中各列元素的曲线图,该函数将矩阵中的每列元素分别绘制曲线,并填充曲线和 x 轴之间的空间.

格式:area(x,y)

说明:若 x 和 y 为向量,则 x 中的元素为横坐标,y 中的元素为纵坐标,并且填充线条和 x 轴之间的空间;如果 y 是矩阵,则要求 y 的行数与向量 x 的维数一致,绘制 y 的各列的累加和所对应的折线.

例 2-23　使用 area 函数绘图示例.

解　MATLAB 程序:

```
clc;clear;clf
x=1:2:7;
y1=[2 5 6 4];
y2=[1 2;4 0;1 3;2 4];
subplot(1,2,1)
plot(x,y1,'o')
hold on
area(x,y1)
subplot(1,2,2)
```

area(x,y2)

运行结果如图 2-23 所示.

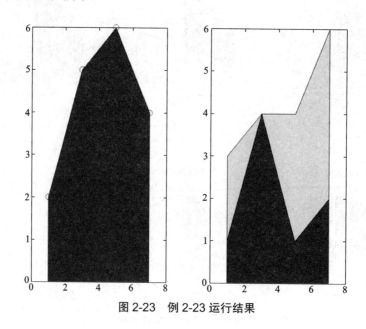

图 2-23 例 2-23 运行结果

4. 二维离散数据图

MATLAB 用 scatter, stem 和 stairs 绘制离散数据,分别生成散点图、火柴棍图和阶梯图. 其调用格式如下:

格式 1:scatter(x,y)

说明:绘制以 x 为横坐标,以 y 为纵坐标的散点图.

格式 2:stem(x,y)

说明:绘制以 x 为横坐标,以 y 为纵坐标的火柴棍图.

格式 3:stairs(x,y)

说明:绘制以 x 为横坐标,以 y 为纵坐标的阶梯图.

例 2-24 使用 scatter,stem 和 stairs 函数绘图示例.

解 MATLAB 程序:

```
x=0:0.5:2*pi;
y=sin( x );
subplot( 2,2,1 )
scatter( x,y );title( 'scatter' )
subplot( 2,2,2 )
stem( x,y );title( 'stem' )
subplot( 2,2,3 )
stairs( x,y );title( 'stairs' )
```

运行结果如图 2-24 所示.

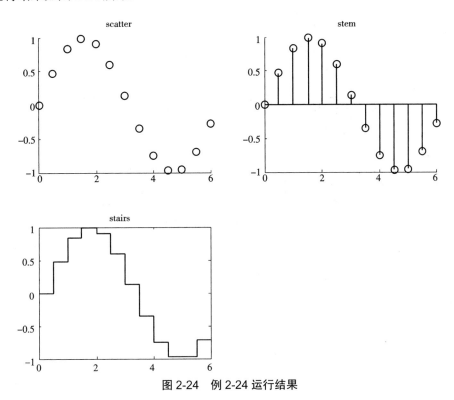

图 2-24　例 2-24 运行结果

5. 极坐标图形

MATLAB 中使用 polar 函数绘制极坐标图形.

格式：polar(t,p,'linespec')

说明：t 为极角,p 为极径,linespec 为线型、颜色等.

例 2-25 使用 polar 函数绘图示例.

解　MATLAB 程序：

```
clc;clear;clf
t=0:0.05:2*pi;
p1=sin( 2*t ).*cos( 2*t );
p2=1-cos( t );
subplot( 1,2,1 )
polar( t,p1,'b' )
title( '8 叶玫瑰线 ' )
subplot( 1,2,2 )
polar( t,p2,'r' )
title( ' 心形线 ' )
```

运行结果如图 2-25 所示.

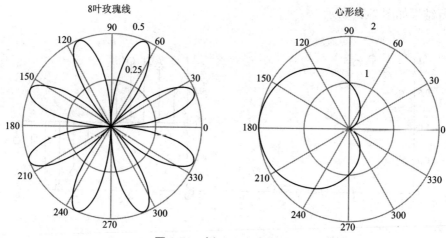

图 2-25　例 2-25 运行结果

6. 二维等高线图

MATLAB 中使用 contour 函数绘制二维等高线图形,其调用格式:

格式: contour(X,Y,Z,n)

说明: 绘制 n 条等高线.

例 2-26　使用 contour 函数绘图示例.

解　MATLAB 程序:

```
clc;clear;clf
[X,Y,Z]=peaks(30);    % 返回三维山峰数据
clabel( contour( X,Y,Z,10 ));    %clabel 函数用于显示等高线的数值
colorbar    % 显示颜色条
```

运行结果如图 2-26 所示.

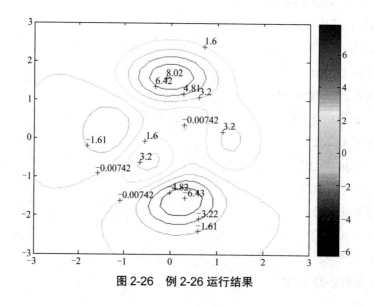

图 2-26　例 2-26 运行结果

2.3.2　特殊三维图形

常用的绘制特殊三维图形命令有如下函数.

格式 1:bar3(x,y)

说明:绘制空间垂直条形图,调用格式与 bar(x,y)相同.

格式 2:pie3(y)

说明:绘制空间饼形图,调用格式与 pie(y)相同.

格式 3:scatter3(x,y,z)

说明:绘制空间散点图,调用格式与 scatter(x,y)相同.

格式 4:stem3(x,y,z)

说明:绘制空间火柴棍图,调用格式与 stem(x,y)相同.

格式 5:contour3(x,y,z)

说明:绘制空间等值线图,调用格式与 contour(x,y,z)相同.

例 2-27　三维图形函数 bar3,pie3 绘图示例.

解　MATLAB 程序:

```
clc;clear;clf
x=1:5;
y=[4,6,10,8,2];
subplot( 1,2,1 )
bar3( x,y )
subplot( 1,2,2 )
pie3( y )
```

运行结果如图 2-27 所示.

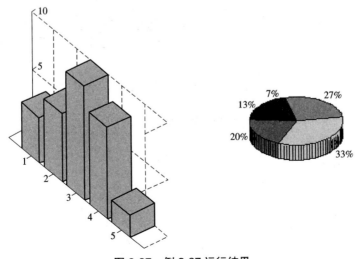

图 2-27　例 2-27 运行结果

例 2-28 三维散点图函数 scatter3 绘图示例.

解   MATLAB 程序:

```
clc;clear;clf
[x,y,z]=sphere(16);
X=[x(:)*.5 x(:)*.75 x(:)];
Y=[y(:)*.5 y(:)*.75 y(:)];
Z=[z(:)*.5 z(:)*.75 z(:)];
scatter3(X(:),Y(:),Z(:));
xlabel('x');ylabel('y');zlabel('z')
title('半径分别为 0.5,0.75,1 的球形散点图')
```

运行结果如图 2-28 所示.

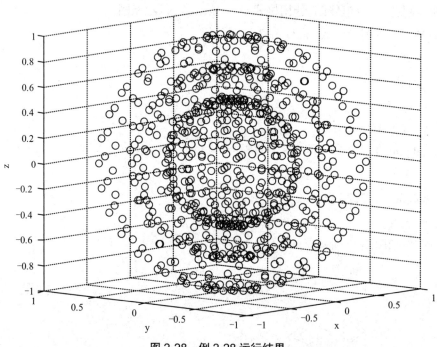

图 2-28   例 2-28 运行结果

例 2-29 三维火柴棍图函数 stem3 绘图示例.

解   MATLAB 程序:

```
clc;clear;clf
t=0:0.1:5*pi;
x=cos(t);
y=sin(t);
z=2*t;
```

stem3(x,y,z)

运行结果如图 2-29 所示.

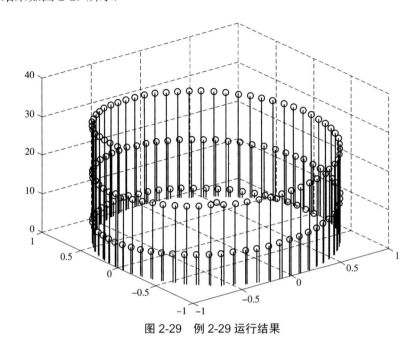

图 2-29　例 2-29 运行结果

例 2-30　绘制山峰的三维和二维等值线图.

解　MATLAB 程序：

[x,y,z]=peaks;

subplot(1,2,1)

contour3(x,y,z,32,'s')

xlabel('x-axis')

ylabel('y-axis')

zlabel('z-axis')

title('contour3 of peaks');

subplot(1,2,2)

contour(x,y,z,16,'s')

grid on

xlabel('x-axis')

ylabel('y-axis')

title('contour of peaks');

运行结果如图 2-30 所示.

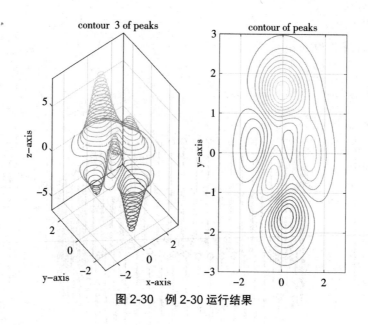

图 2-30 例 2-30 运行结果

2.4 图形处理

常用的图形处理命令有如下函数.

（1）figure(n)：打开第 n 个图形窗口.

（2）clf：清除图形窗口.

（3）hold on/off：保留／释放现有图形.

（4）grid on/off：显示／不显示格栅.

（5）title('string')：图形标题说明.

（6）ylabel('string')：y 坐标轴说明.

（7）zlabel('string')：z 坐标轴说明.

（8）text(x,y,'string')：在指定位置(x,y)处加文本.

（9）text(x,y,z,'string')：在指定位置(x,y,z)处加文本.

（10）gtext('string')：在鼠标指定位置标注.

（11）[x,y]=ginput：从图形窗口中获取任意多个点的坐标，直到按 Enter 键结束.

（12）[x,y]=ginput(n)：从图形窗口中获取 n 个点的坐标.

（13）axis([xmin,xmax,ymin,ymax])：设定二维图形坐标轴范围.

（14）axis([xmin,xmax,ymin,ymax,zmin,zmax])：设定三维坐标轴范围.

（15）legend('str1', 'str2', 'str3',…)：图例,字符 str1, str2, str3 依次对各图形对象进行说明.

例 2-31 在区间 $[-2\pi, 2\pi]$ 新建两个窗口分别画出 $y=\sin(x), z=\cos(x)$.

解 MATLAB 程序：

```
clc;clear;clf
x=linspace( -2*pi,2*pi,100 );
y=sin( x );z=cos( x );
plot( x,y );
title( 'sin( x )' );
figure( 2 );    % 在图形窗口 2 中绘制 cos( x )曲线
plot( x,z );
title( 'cos( x )' );
```

运行结果如图 2-31 所示.

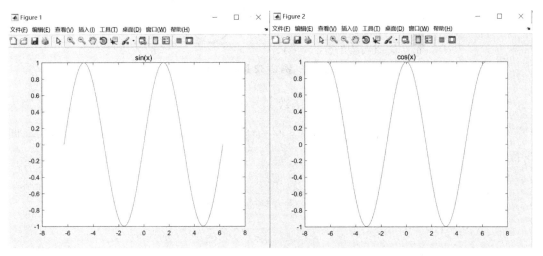

图 2-31　例 2-31 运行结果(第一张图中的左上角显示 figure1,第二张图的左上角显示 figure2)

例 2-32　在区间 $[0,2\pi]$ 画 $\sin(x)$和 $\cos(x)$,并分别用 gtext 函数在曲线上标注"$\sin(x)$",
"$\cos(x)$".

解　MATLAB 程序:

```
x=linspace( 0,2*pi,30 );
y=sin( x );
z=cos( x );
plot( x,y,x,z )
gtext( 'sin( x )' );
gtext( 'cos( x )' )
```

运行结果如图 2-32 所示.

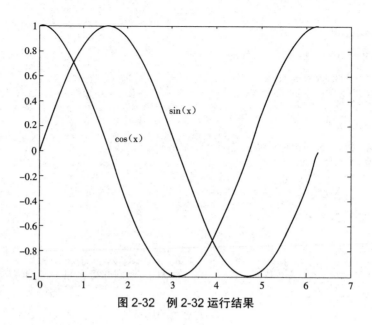

图 2-32 例 2-32 运行结果

例 2-33 在同一坐标系中画出两个函数 $y1 = \cos x, y2 = x \sin x$ 的图形, 自变量的范围为 $0 \leqslant x \leqslant 2\pi$, 函数 $y1 = \cos x$ 用红色星号线, $y2 = x \sin x$ 用蓝色实线, 并加上图名、坐标轴、曲线名、图例标注.

解 MATLAB 程序:

```
clc;clear;clf
x=0:0.1:2*pi;
y1=cos(x);
y2=x.*sin(x);
plot(x,y1,'r*');hold on
plot(x,y2,'b-');grid on
title('曲线 y1=cos(x)与 y2=xsin(x)')
xlabel('x 轴');ylabel('y 轴')
text(0,1,'y1=cos(x)')
gtext('y2=xsin(x)')
legend('y1=cos(x)','y2=xsin(x)')
```

运行结果如图 2-33 所示.

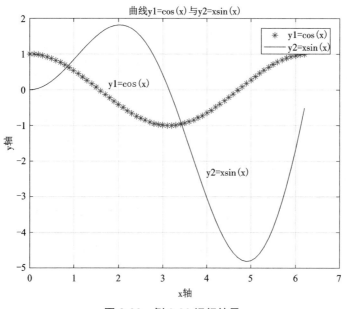

图 2-33　例 2-33 运行结果

例 2-34　在区间 $[0.0001, 0.01]$ 显示 $\sin(1/x)$ 的图形.

解　MATLAB 程序:

```
clc;clear;clf
x=linspace( 0.0001,0.01,1000 );
y=sin( 1./x );plot( x,y )
axis( [0.003,0.01,-1,1] )
```

运行结果如图 2-34 所示.

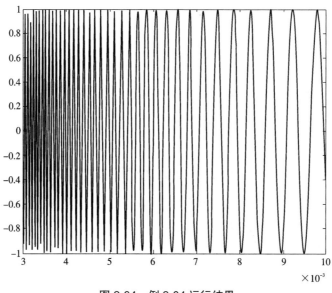

图 2-34　例 2-34 运行结果

习题 2

1. 绘制曲线 $y=x^2\sin(x^2-x-2), -2 \leqslant x \leqslant 2$（要求分别使用 plot，ezplot，fplot 完成）.

2. 绘制曲线 $\dfrac{x^2}{4}+\dfrac{y^2}{9}=1$（要求分别使用 plot，ezplot 完成）.

3. 绘制曲线 $\begin{cases} x = t\sin t \\ y = t\cos t \end{cases}, t \in [0,10\pi]$（要求分别使用 plot，ezplot 完成）.

4. 绘制曲线 $\begin{cases} x = \sin t \\ y = \cos t, \ t \in [0,10\pi] \\ z = t \end{cases}$.

5. 绘制曲面 $z=x^2+y^2$.

6. 绘制半球面 $\begin{cases} x = 2\sin\varphi\cos\theta \\ y = 2\sin\varphi\sin\theta, \ \varphi \in [0, \pi/2], \theta \in [0, 2\pi] \\ z = 2\cos\varphi \end{cases}$.

7. 绘制曲线 $y = \sin\dfrac{1}{x}$ ，并在图形中标注出图名、曲线名称以及坐标轴.

8. 绘制分段函数 $y = \begin{cases} -1 & x < -1, \\ x & -1 \leqslant x \leqslant 1 \ , \\ 1 & x > 1. \end{cases}$

9. 绘制函数 $f_1(x) = \ln x, f_2(x) = \dfrac{1}{x}$ 的图形，同时在图形中标识出两条曲线的交点和曲线的单调性.

10. 数字图像处理中使用的 Butterworth 低通滤波器的数学模型为

$$H(u,v) = \frac{1}{1 + D^{2n}(u,v)/D_0}$$

其中，$D(u,v) = \sqrt{(u-u_0)^2+(v-v_0)^2}$，$D_0$ 为给定的区域半径，n 为阶次，u_0, v_0 为区域的中心. 假设 $D_0 = 200$，$n=2$，$u_0 = 0, v_0 = 0$，试绘制该滤波器模型的三维网格图.

11. 已知 $z = xe^{-x^2-y^2}$，试分别用三维图形函数 surf，mesh，meshc，meshz 绘制该函数的曲面图形.

第3章　线性代数相关运算

MATLAB 的基本运算单位是矩阵,在科技、工程、经济等多个领域中,经常需要把一个实际问题通过数学建模转化为一个方程组的求解问题. 本章主要讨论如何利用 MATLAB 求解线性代数中的问题.

3.1　多项式

$f(x)$ 为一个 n 次多项式,即 $f(x)=a_nx^n+a_{n-1}x^{n-1}+\cdots+a_1x+a_0$,在 MATLAB 中用系数向量 $\boldsymbol{p}= [a_n, a_{n-1}, \cdots, a_1, a_0]$ 表示此多项式. 其中,多项式必须按照幂次从高到低的顺序排列,如果有缺项,此项的系数记为 0. 表 3-1 为多项式的一些常见运算命令.

表 3-1　多项式的常见运算命令

命令	说明
poly2str(p,'x')	系数向量 $\boldsymbol{p}$ 转化为变量是 x 的多项式的一般表达形式
roots(p)	返回多项式的根
polyval(p,x)	按数组规则计算多项式 p 在 $\boldsymbol{x}$ 的每个元素处对应的数值
polyvalm(p,x)	按矩阵规则计算多项式 p 在矩阵 $\boldsymbol{x}$ 处的值,即返回矩阵多项式的值
conv(p1,p2)	多项式 $p1$ 与 $p2$ 求积
[q,r]=deconv(p1,p2)	多项式 $p1$ 除以 $p2$ 的运算,q 为商多项式,r 为余数多项式
poly(A)	返回矩阵 $\boldsymbol{A}$ 的特征多项式
polyder(p)	对多项式求导

例 3-1　输出多项式 $f(x) = x^4 + 5x^3 + 3x + 1$ 的一般表达式,并求其导数.

解　MATLAB 程序:

```
clc;clear;
p=[1 5 0 3 1];
f=poly2str( p,'x' )
pd=polyder( p );
fd=poly2str( pd,'x' )
```

运行结果:

　　f =

　　　　x^4 + 5x^3 + 3x + 1

fd =

　　4x^3 + 15x^2 + 3

例 3-2　写出矩阵 $A = \begin{bmatrix} 3 & 0 \\ -1 & 4 \end{bmatrix}$ 的特征多项式，并求其特征根.

解　MATLAB 程序：

```
clc;clear
A=[3 0;-1 4];
p=poly(A);
f=poly2str(p,'x')
r=roots(p)
```

运行结果：

f =

　　x^2 - 7 x + 12

r =

　　4.0000

　　3.0000

例 3-3　分别用 polyval,polyvalm 计算多项式 $f(x) = x^2$ 在矩阵 $A = \begin{bmatrix} 1 & 1 \\ 0 & 2 \end{bmatrix}$ 处的值.

解　MATLAB 程序：

```
clc;clear;
p=[1 0 0];
A=[1 1;0 2];
B1=polyval(p,A)  % 返回矩阵 A 中每个元素对应的多项式的值
B2=polyvalm(p,A)  % 返回矩阵多项式的值
```

运行结果：

B1 =

　　1　　1

　　0　　4

B2 =

　　1　　3

　　0　　4

例 3-4　已知两个多项式 $f_1(x) = 7x^2 + 3,\ f_2(x) = -9x + 1$，求其积、商及余数多项式.

解　MATLAB 程序：

```
clc;clear;
```

```
p1=[7 0 3];p2=[-9 1];
pj=conv(p1,p2);
pj=poly2str(pj,'x')
[q,r]=deconv(p1,p2);
q=poly2str(q,'x')
r=poly2str(r,'x')
```

运行结果:

  pj =

    $-63x^3 + 7x^2 - 27x + 3$

  q =

    $-0.77778x - 0.08642$

  r =

    3.0864

例 3-5 已知两个多项式 $f_1(x) = 7x^2 + 3$, $f_2(x) = -9x + 1$,求其和与差.

解 MATLAB 程序:

```
clc;clear
p1=[7 0 3];p2=[0 -9 1];
% 两个多项式求和与差时,如果多项式的阶数不同,则需要在阶数小的多项式对应的系数向量中补 0,使得两个系数向量的维数相同.
ph=p1+p2;ph=poly2str(ph,'x')
pc=p1-p2;pc=poly2str(pc,'x')
```

运行结果为:

  ph =

    $7x^2 - 9x + 4$

  pc =

    $7x^2 + 9x + 2$

3.2 矩阵运算

  MATLAB 最基本的运算对象是向量和矩阵,其中向量可看作特殊的矩阵. 矩阵的基本运算包括矩阵的加法、减法、乘法、转置、矩阵行列式以及求矩阵的逆等,见表 3-2.

表 3-2 矩阵的基本运算

命令函数	函数说明
A'	返回矩阵 A 的转置
det(A)	返回矩阵 A 的行列式

93

命令函数	函数说明
rank(A)	返回矩阵 *A* 的秩
inv(A)	返回矩阵 *A* 的逆
norm(A)	返回矩阵 *A* 的范数
orth(A)	返回矩阵 *A* 的正交变换矩阵
poly(A)	返回矩阵 *A* 的特征多项式
rref(A)	将矩阵 *A* 化为行最简型
null(A)	返回矩阵 *A* 的零空间的基,即 *Ax*=0 的基础解析
[r,c]=size(A)	返回矩阵 *A* 的行数和列数
[D,X]=eig(A)	返回矩阵 *A* 的特征值构成的对角矩阵 *X* 和特征向量构成的矩阵 *D*
A+k	矩阵 *A* 中每个元素都加上常数 *k*
A*k	矩阵 *A* 中每个元素都乘以常数 *k*
A+B	矩阵加法
A*B	矩阵乘法
A\B	矩阵左除
A/B	矩阵右除
A.*B	矩阵 *A* 与矩阵 *B* 对应元素相乘
A./B	矩阵 *A* 与矩阵 *B* 对应元素相除
A.^B	矩阵 *B* 的每个元素作为矩阵 *A* 对应元素的幂次

例 3-6 已知矩阵 $A = \begin{bmatrix} 1 & 2 \\ 3 & 4 \end{bmatrix}$, $B = \begin{bmatrix} 3 & 2 \\ 4 & 3 \end{bmatrix}$, 求 $A+B, A-B, A*B, A^{\mathrm{T}}, |B|, A^{-1}, A^3$.

解 MATLAB 程序:

A=[1 2;3 4];

B=[3 2;4 3];

C1=A+B   % 矩阵加法

C2=A-B   % 矩阵减法

C3=A*B   % 矩阵乘法

C4=A'   % 矩阵的转置

d=det(B)   % 矩阵的行列式

C5=inv(A)   % 矩阵的逆

C6=A^3   % 矩阵的三次方

运行结果:

C1 =

    4   4

    7   7

C2 =

    −2   0

    −1   1

C3 =

    11   8

    25   18

C4 =

    1   3

    2   4

d =

    1

C5 =

    −2.0000   1.0000

    1.5000   −0.5000

C6 =

    37   54

    81   118

3.3　向量组的线性相关性

在 MATLAB 中一般通过 rref 命令来判断向量组的相关性,使用方法见下面例题.

例 3-7　已知向量组:$\boldsymbol{\alpha}_1=(2,-3,1)^{\mathrm{T}}$,$\boldsymbol{\alpha}_2=(1,0,-1)^{\mathrm{T}}$,$\boldsymbol{\alpha}_3=(2,-6,4)^{\mathrm{T}}$,求:(1)向量组的秩;(2)写出向量组的一个极大无关组;(3)向量组的相关性;(4)将向量组中其余向量用极大无关组表示.

解　MATLAB 程序:

a1=[2 −3 1]';

a2=[1 0 −1]';

a3=[2 −6 4]';

A=[a1 a2 a3];

rref(A)　% 返回矩阵的行最简型

运行结果:

ans =

    1   0   2

    0   1   −2

    0   0   0

答：（1）向量组的秩为 2；（2）向量组的一个极大无关组为 $\boldsymbol{\alpha}_1$ 和 $\boldsymbol{\alpha}_2$；（3）向量组线性相关；（4）向量组中 $\boldsymbol{\alpha}_3 = 2\boldsymbol{\alpha}_1 - 2\boldsymbol{\alpha}_2$．

3.4 求解线性方程组

3.4.1 矩阵除法（左除）

矩阵除法（左除）是求解线性方程组的快速算法，它会根据矩阵 $\boldsymbol{A}$ 的特点自动选定合适的算法求解，然后尽可能给出一个有意义的结果．

（1）当矩阵 $\boldsymbol{A}$ 为可逆方阵时，$\boldsymbol{A}\backslash\boldsymbol{B}$ 的结果与 inv（ A ）*B 的结果一致．

（2）当矩阵 $\boldsymbol{A}$ 不是方阵，$\boldsymbol{AX=B}$ 有唯一解，$\boldsymbol{A}\backslash\boldsymbol{B}$ 将给出这个解．

（3）当矩阵 $\boldsymbol{A}$ 不是方阵，$\boldsymbol{AX=B}$ 为不定方程组（方程组有无穷多组解），$\boldsymbol{A}\backslash\boldsymbol{B}$ 将给出一个具有最多零元素的特解．

（4）当矩阵 $\boldsymbol{A}$ 不是方阵，$\boldsymbol{AX=B}$ 为超定方程组（方程组无解），$\boldsymbol{A}\backslash\boldsymbol{B}$ 将给出最小二乘意义上的近似解，即使得向量 $\boldsymbol{AX-B}$ 的范数达到最小值的解．

例 3-8 解下列方程组：

（1）定解方程组 $\begin{cases} x + 2y = 1, \\ 3x - 2y = 4; \end{cases}$ （2）不定方程组 $\begin{cases} x + 2y + z = 1, \\ 3x - 2y + z = 4; \end{cases}$

（3）超定方程组 $\begin{cases} x + 2y = 1, \\ 3x - 2y = 4, \\ x - y = 2; \end{cases}$ （4）奇异方程组 $\begin{cases} x + 2y = 1, \\ 2x + 4y = 2. \end{cases}$

解 在命令窗口执行：

>> A=[1 2;3 −2];b=[1;4];

>> x=A\b   % 求定解方程组的解，其中返回值 x 的第一个分量为未知数 x，x 的第二个分量为未知数 y

x =

     1.2500

   −0.1250

>>　A=[1 2 1;3 −2 1];b=[1;4];

>>　x=A\b   % 求不定方程组的一个特解

x =

     1.2500

   −0.1250

     0

```
>> A=[1 2;3 -2;1 -1];b=[1;4;2];
>> x=A\b    % 求超定方程组的一个最小二乘近似解
x =

     1.2838

    -0.1757
>> A=[1 2;2 4];b=[1;2];
>> x=A\b    % 奇异方组不能直接求解
Warning：Matrix is singular to working precision.
x =

    NaN

    NaN
>> A=[1 2;2 4;0 0];b=[1;2;0];
>> x=A\b
% 对奇异方程组作同解变形,变为超定方程组
Warning：Rank deficient，rank = 1，tol = 2.9790e-015.
x =

    0

    0.5000
```

3.4.2 线性方程组通解

在方程组有无穷多解的情况下,有两种方法可以求得方程组的通解,第一种方法用 rref 函数将方程组对应的增广矩阵化为行最简型以后再求解;第二种方法用左除求得方程组的一个特解,然后用 null 函数求得相对应的齐次方程组的基础解系.

例 3-9 求线性方程组 $\begin{cases} x_1 - x_2 + x_3 - x_4 = 1, \\ -x_1 + x_2 + x_3 - x_4 = 1, \\ 2x_1 - 2x_2 - x_3 + x_4 = -1 \end{cases}$ 的通解

解 在命令窗口执行：

方法一（化行最简型方法）

```
clear
A=[1 -1 1 -1;-1 1 1 -1;2 -2 -1 1];b=[1;1;-1];
if rank( A )==rank( [A b] )
    disp('返回方程组对应增广矩阵的行最简型')
    rref( [A,b] )
else
    disp('方程组无解')
```

end

运行结果：

返回方程组对应增广矩阵的行最简型

ans =

$$
\begin{matrix}
1 & -1 & 0 & 0 & 0 \\
0 & 0 & 1 & -1 & 1 \\
0 & 0 & 0 & 0 & 0
\end{matrix}
$$

求得通解：

$$
k_1 \begin{pmatrix} 1 \\ 1 \\ 0 \\ 0 \end{pmatrix} + k_2 \begin{pmatrix} 0 \\ 0 \\ 1 \\ 1 \end{pmatrix} + \begin{pmatrix} 0 \\ 0 \\ 1 \\ 0 \end{pmatrix}
$$

方法二（零空间基础解系法）

```
clear
A=[1 -1 1 -1;-1 1 1 -1;2 -2 -1 1];b=[1;1;-1];
if rank( A )==rank( [A b] )
    disp( '返回方程组的特解 x0 以及基础解系 x' )
    x0=A\b
    x=null( A )
else
    disp( '方程组无解' )
end
```

运行结果：

x0 =   x =

$$
\begin{array}{ll}
0 & \quad -0.7071 \qquad\quad 0 \\
0 & \quad -0.7071 \qquad\quad 0 \\
1 & \quad -0.0000 \qquad 0.7071 \\
0 & \quad -0.0000 \qquad 0.7071
\end{array}
$$

求得通解：

$$
k_1 \begin{pmatrix} -0.7071 \\ -0.7071 \\ 0 \\ 0 \end{pmatrix} + k_2 \begin{pmatrix} 0 \\ 0 \\ 0.7071 \\ 0.7071 \end{pmatrix} + \begin{pmatrix} 0 \\ 0 \\ 1 \\ 0 \end{pmatrix}
$$

3.5 矩阵的相似对角化

如果 n 阶方阵 A 有 n 个线性无关的特征向量,则必存在可逆矩阵 P,使得 $P^{-1}AP = \Lambda$,其中 Λ 是 A 的特征值构成的对角矩阵, P 的列向量是对应的 n 个线性无关特征向量. 在 MATLAB 中,可以使用函数 eig 求出矩阵的特征向量和特征矩阵.

例 3-10 设 $A = \begin{bmatrix} 1 & 2 & 3 \\ 3 & 2 & 1 \\ 1 & 1 & 1 \end{bmatrix}$,求矩阵 P 使得 $P^{-1}AP$ 为对角矩阵,并求 A^{100}.

解 MATLAB 程序:

```
A=[1 2 3;3 2 1;1 1 1];
[P,X]=eig( A )
%P 为由特征向量构成的矩阵,X 为由特征值构成的对角矩阵
A100=P*X^100*inv( P )
```

运行结果:

```
P =
    -0.6092    -0.7071     0.4082
    -0.7200     0.7071    -0.8165
    -0.3323     0.0000     0.4082

X =
    5.0000           0           0
         0     -1.0000           0
         0           0      0.0000

A100 =
    1.0e+069 *
    2.8925    2.8925    2.8925
    3.4184    3.4184    3.4184
    1.5777    1.5777    1.5777
```

3.6 二次型

在 MATLAB 中可以使用 orth 函数将二次型 $f=x^T Ax$ 转化为标准型,其处理方式可参照下面例题.

例 3-11 化下述二次型为标准型,并求出正交变换矩阵 Q.

$$f = 2x_1x_2 + 2x_1x_3 - 2x_1x_4 - 2x_2x_3 + 2x_2x_4 + 2x_3x_4$$

解　MATLAB 程序：

A=[0 1 1 -1;1 0 -1 1;1 -1 0 1;-1 1 1 0];

Q=orth(A)；

[P,X]=eig(A)；

X,Q

运行结果：

X =

−3.0000	0	0	0
0	1.0000	0	0
0	0	1.0000	0
0	0	0	1.0000

Q =

0.5000	0	0.8660	−0.0000
−0.5000	−0.0000	0.2887	0.8165
−0.5000	0.7071	0.2887	−0.4082
0.5000	0.7071	−0.2887	0.4082

从运行结果中可得到，通过正交变换 $y=Qx$ 可以将上述二次型变为标准型：

$$f = -3y_1^2 + y_2^2 + y_3^2 + y_4^2$$

习题 3

1. 求下列多项式的根:

（1）$x^2 + x - 2$;

（2）$3x^5 - 4x^3 + 2x - 1$.

2. 对习题 1 中的多项式进行求导,显示其导数多项式,并求该导数多项式在 $x=1,2,3$ 处的值.

3. 已知矩阵 $A = \begin{pmatrix} 2 & 1 & 1 \\ 3 & 1 & 0 \\ 0 & 1 & 2 \end{pmatrix}$, $B = \begin{pmatrix} 1 & 2 \\ 1 & 0 \\ 0 & 3 \end{pmatrix}$, 求 $A*B$, A 的秩, A 的逆, A 的行最简型及 A 的

行列式.

4. 已知矩阵 $A = \begin{pmatrix} 0 & 0 & -1 \\ 2 & 0 & 0 \\ -1 & 1 & 0 \end{pmatrix}$, 且 $AB=2A-B$, 求 B.

5. 求 $\begin{pmatrix} 2 & 1 & 1 \\ 3 & 1 & 0 \\ 0 & 1 & 2 \end{pmatrix}^{100}$.

6. 判断下列向量组的相关性:

（1）$\boldsymbol{\alpha}_1 = (1,0,2)^{\mathrm{T}}, \boldsymbol{\alpha}_2 = (2,1,3)^{\mathrm{T}}, \boldsymbol{\alpha}_3 = (3,1,6)^{\mathrm{T}}$;

（2）$\boldsymbol{\alpha}_1 = (1,2,3,4)^{\mathrm{T}}, \boldsymbol{\alpha}_2 = (2,5,7,9)^{\mathrm{T}}, \boldsymbol{\alpha}_3 = (2,4,5,10)^{\mathrm{T}}$.

7. 求线性方程组 $\begin{cases} 3x_1 + 4x_2 + x_3 + 2x_4 = 3 \\ 6x_1 + 8x_2 + 2x_3 + 5x_4 = 7 \\ 9x_1 + 12x_2 + 3x_3 + 7x_4 = 10 \end{cases}$ 的解.

8. 用正交变换将下面二次型变为标准型,并求出相应的正交矩阵.

$$f(x_1, x_2, x_3) = 4x_1^2 + 3x_2^2 + 5x_3^2 - 4x_1x_2 - 4x_1x_3$$

第 4 章　高等数学相关运算

4.1　符号变量

在高等数学中,求极限、导数、积分等,都需要做符号运算,因此本章不仅用数值运算解决问题,还需要学习使用 MATLAB 软件中的符号运算解决问题.

4.1.1　符号对象的定义

符号运算使用一种特殊的数据类型,称为符号对象,用字符串形式表达,但又不同于字符串.符号运算中的变量和表达式都称为符号对象.表 4-1 为符号对象的定义方式.

表 4-1　符号对象的定义函数

函数	说明
s=sym(str)	将数值或字符串 str 转化为符号对象 s,数值用有理数表示
s=sym(num,'d')	将数值表达式转化为符号表达式,数值用十进制表示
syms var1 var2...	定义 var1, var2…为符号变量

相对于双精度对象,符号对象的优点是无舍入误差,从而可以得到任意精度的数值解(双精度对象一般为 16 位有效数字,因此有舍入误差).但符号对象缺点也很明显,其占用的空间要比双精度对象大得多,一个双精度对象占用的空间为 8 个字节,而一个符号对象占用的空间至少为 100 个字节,运算速度也比双精度对象慢得多.下面的例题显示了符号对象与双精度对象的区别.

例 4-1　符号变量的简单运算.

```
>> n=pi^2    % 这是数值表达式
n =
    9.8696
>> a=sym( n )   % 数值转化为符号对象,数值用有理数表示
a =
    5556093337880030*2^( -49 )    %5556093337880030*2^( -49 )= 9.8696
>> b=sym( n,'d' )    % 数值转化为符号对象,数值用十进制表示
b =
```

9.8696044010893579923049401259050

```
>> c=sym('pi^2')    % 字符串转化为符号对象
c =
    pi^2
>> syms x y z;    % 定义符号变量 x,y,z,注意不加逗号
>> d=x^3+2*y^2+c    % 符号计算表达式
d =
    x^3+2*y^2+pi^2
>> A=[a b;c-d d-x^3]
```
% 由符号表达式产生的符号矩阵,其表达与数值矩阵有明显区别
```
A =
[5556093337880030*2^(-49),    9.8696044010893579923049401259050]
[-x^3-2*y^2,                  2*y^2+pi^2]
>> A=subs(A,x,c)    % 将符号变量 x 用符号对象 c 替代
A =
[2778046668940015/281474976710656,    9.8696044010893579923049401259050]
[-pi^6-2*y^2,                         2*y^2+pi^2]
>> A=subs(A,y,0.1)
```
% 将符号变量 y 用数值 0.1 替代,这时 A 已经变成为普通数值矩阵
```
A =
       9.8696       9.8696
    -961.4092       9.8896
```

4.1.2　计算精度和数据类型转换

1. 计算精度

前面提到的 format 函数不是用于控制运算精度的,它只能控制结果显示类型,运算的时候还是用 MATLAB 自定义的精度. MATLAB 控制运算精度用的是 digits 和 vpa 两个函数,具体调用格式见表 4-2. digits 函数用于规定运算精度,如 digits(5)语句就规定了运算精度是 5 位有效数字. 但并不是规定了运算精度就可以使用,因为实际编程中可能有些运算需要控制精度,而有些不需要控制. vpa 函数就用于解决这个问题,凡是需要控制精度的,都对运算表达式使用 vpa 函数.

表 4-2　常用的精度和数据类型转换函数

函数	说明
digits(n)	将数值计算精度设置为 n 位

103

函数	说明
x=vpa(s)	求 s 的数值结果,默认显示 32 位有效数字
x=vpa(s,n)	采用 n 位计算精度求 s 的数值结果
double(s)	将符号对象转化为双精度数值
char(s)	将符号对象转化为字符串

例 4-2　digits 和 vpa 函数示例.

解　MATLAB 程序:

　　>> format short

　　>> digits(3)

　　>> a=sqrt(2)

　　a =

　　　　1.4142

　　>> 100*a

　　ans =

　　　　141.4214

　　>> b=vpa(sqrt(2))

　　 b =

　　　　1.41

　　>> b*100

　　ans =

　　　　141.0

2. 数据类型转换

MATLAB 提供了不同数据类型之间的转换函数,具体的转换关系见图 4-1.

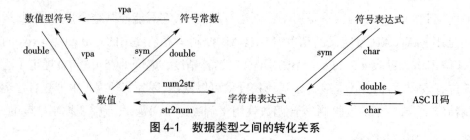

图 4-1　数据类型之间的转化关系

例 4-3　数据类型和计算精度的简单例题.

　　>> 2^10000　% 很大的数,溢出了

　　ans =

　　　　Inf

104

\>\> a=sym(2);b=a^10000

 b =

1995063116880758···96709376 % 很长的整数,准确的,不是近似的

\>\> vpa(b) % 很大的数,大约为 0.1995×10^{3011}

 ans =

0.19950631168807583848837421626836e3011

\>\> format long %format 函数表示限定数值计算精度,系统默认为 short 型

\>\> pi

ans =

　　　3.141592653589793

\>\> format short

\>\> c=sym('pi');

\>\> vpa(c,16) %16 位,与数值计算精度相仿

ans =

　　　3.141592653589793

\>\> vpa(c) % 默认情况为 32 位

ans =

　　　3.1415926535897932384626433832795

 \>\> vpa(c,100) % 高精度

 ans =

　　　3.14159265358979···20974944592307816406286208998628034825342117068

 \>\> vpa(c,1) % 低精度

 ans =

　　　3.

 \>\> double(c) % 转化为数值

ans =

　　　3.1416

\>\> syms x;f=x^3;

\>\>f(1) %f 为字符型,不能调用

ans =

 x^3

 \>\> fun=inline(f) % 将 f 转换为内联函数,这样就可以直接调用

fun =

　　　Inline function:

　　　fun(x)= x.^3

```
>> fun( 1 )

ans =

    1
```

4.1.3 符号矩阵与符号函数

1. 符号矩阵

MATLAB 中大部分矩阵和数组运算符及指令都可以用于符号矩阵.

例 4-4 符号矩阵的简单运算.

```
>> clear;A=sym( '[a b;c d]' );
>> B=inv( A )
B =
[ -d/( -a*d+b*c ),   b/( -a*d+b*c )]
[ c/( -a*d+b*c ),   -a/( -a*d+b*c )]
>> A*B
ans =
[ -a*d/( -a*d+b*c )+b*c/( -a*d+b*c ), 0]
[0, -a*d/( -a*d+b*c )+b*c/( -a*d+b*c )]
>> A.*B
ans =
[ -a*d/( -a*d+b*c ),   b^2/( -a*d+b*c )]
[c^2/( -a*d+b*c ),   -a*d/( -a*d+b*c )]
```

2. 符号函数计算

MATLAB 中大部分数学函数和逻辑关系运算可以用于符号对象. 表 4-3 给出了常用的符号函数的调用方法.

表 4-3 常用的符号函数调用方法

函数	说明
factor(expr)	将表达式 expr 作因式分解
expand(expr)	将表达式 expr 展开
collect(expr,v)	将表达式 expr 按变量 v 合并同类项
simplify(expr)	将表达式 expr 化简
simple(expr)	将表达式 expr 化简
g=finverse(f,v)	求函数 $f(v)$ 的反函数 $g(v)$
fg=compose(f,g)	求函数 $f(v)$ 与 $g(v)$ 的复合函数
[n,d]=numden(expr)	返回表达式的分子 n 和分母 d

函数	说明
eval(f)	求符号表达式 f 的值

例 4-5 （多项式运算）令 $f(x,y)=(x-y)^3$，$g(x,y)=(x+y)^3$，考虑相关运算.

命令窗口运行如下：

```
>> syms x y;f=( x−y )^3;g=( x+y )^3;
>> h=f*g
h =
( x−y )^3*( x+y )^3
>> hs=expand( h )    % 展开
hs =
x^6−3*x^4*y^2+3*x^2*y^4−y^6
>> hf=factor( hs )   % 因式分解
hf =
( x−y )^3*( x+y )^3
>> s=subs( h,y,x^2+x )    % 用 x^2+x 替换 y
s =
−x^6*( 2*x+x^2 )^3
>> sc=collect( s )   % 合并同类项
sc =
−x^12−6*x^11−12*x^10−8*x^9
>> ss=simplify( sc )   % 化简
ss =
−x^12−6*x^11−12*x^10−8*x^9
>> ss=simple( sc )   % 化为最短表达式
ss =
−x^9*( x+2 )^3
>> t=x^3;v=finverse( t,x )    % 求反函数
v =
x^( 1/3 )
>> compose( t,v )   % 求 t,v 的复合函数
ans =
x
>> x=1;
```

107

```
>> eval( t )
ans =
1
```

4.2　符号微积分

MATLAB 提供了几乎所有与微积分运算相关的命令,如求函数极限、导数、积分等,但在使用这些命令前需要将变量定义为符号变量类型.

4.2.1　函数极限

函数极限命令见表 4-4.

表 4-4　函数极限命令

命令	说明
limit(f,x,a)	求函数 $f(x)$ 当 x 趋近于 a 时的极限
limit(f,a)	默认变量 x 为唯一符号变量
limit(f)	默认变量为 x,且 $a=0$
limit(f,x,a,'right')	求右极限
limit(f,x,a,'left')	求左极限

例 4-6　计算下列极限:

$$y_1 = \lim_{x \to 0} \frac{\sin x}{x}; \quad y_2 = \lim_{x \to \infty} \frac{\sin x}{x}; \quad y_3 = \lim_{x \to 0^+} \frac{1}{x}; \quad y_4 = \lim_{x \to 0^-} \frac{1}{x}; \quad y_5 = \lim_{x \to 1} \frac{x^2 - 1}{x - 1}.$$

命令窗口运行如下:

```
>> syms x;   f=sin( x )/x;   g=1/x;
>> y1=limit( f,x,0 )
y1 =
1
>> y2=limit( f,x,inf )
y2 =
0
>> limit( g,x,0,'right' )
ans =
Inf
>> limit( g,x,0,'left' )
```

ans =

–Inf

\>\> limit((x^2-1)/(x-1),x,1)   % 可以将函数表达式直接写在命令中

ans =

2

例 4-7　判断函数 $f(x) = \begin{cases} \dfrac{x^2-1}{x-1} & x \neq 1 \\ 2 & x = 1 \end{cases}$ 在 $x=1$ 处的连续性.

解　MATLAB 程序：

```
syms x;
y1=(x^2-1)/(x-1);
y2=2;
if  limit(y1,x,1)==y2
    disp('f(x)在 x=1 处连续')
else
    disp('f(x)在 x=1 处不连续')
end
```

运行结果：

　f(x)在 x=1 处连续

例 4-8　随机输入一个函数 $f(x)$ 及点 $x0$,并判断该函数 $f(x)$ 在 $x0$ 点处的连续性.

解　MATLAB 程序：

```
syms x;
disp('请输入函数 f');
f=input('f=');
disp('请输入点 x0');
x0=input('x0=');
f1=limit(f,x,x0);
x=x0;
f2=eval(f);
if  f1==f2
    disp('函数在该点连续')
else
    disp('函数在该点不连续')
end
```

运行结果：

请输入函数 f

f=sin(x)/x

请输入点 x0

x0=0

Warning：Divide by zero.   % 警告分母不能为 0

> In lianxuxing at 8

  In sym.eval at 9

  In lianxuxing at 8

函数在该点不连续

4.2.2 函数导数

函数导数命令见表 4-5.

表 4-5 函数导数命令

命令	说明
diff(f)	求 f 的一阶导数
diff(f,v)	求 f 对 v 的一阶导数或一阶偏导数
diff(f,n)	求 f 的 n 阶导数
diff(f,v,n)	求 f 对 v 的 n 阶导数或 n 阶偏导数

例 4-9 求下列函数的导数及二阶导数：

$$y_1 = \ln \cos x^2 ; \quad y_2 = \tan \sqrt{1-x} ; \quad y_3 = ax^3 + bx^2 + x + 1 .$$

解 MATLAB 程序：

```
syms x a b;
y1=log( cos( x^2 ) );
y2=tan( sqrt( 1−x ) );
y3=a*x^3+b*x^2+x+1;
dy11=diff( y1,x )
dy12=diff( y1,x,2 )
dy21=diff( y2,x )
dy22=diff( y2,x,2 )
dy31=diff( y3,x )
dy32=diff( y3,x,2 )
```

运行结果为：

dy11 =

110

$$-2*\sin(x^2)*x/\cos(x^2)$$

dy12 =

$$-4*x^2-2*\sin(x^2)/\cos(x^2)-4*\sin(x^2)^2*x^2/\cos(x^2)^2$$

dy21 =

$$-1/2*(1+\tan((1-x)^{(1/2)})^2)/(1-x)^{(1/2)}$$

dy22 =

$$1/2*\tan((1-x)^{(1/2)})*(1+\tan((1-x)^{(1/2)})^2)/(1-x)-1/4*(1+\tan((1-x)^{(1/2)})^2)/(1-x)^{(3/2)}$$

dy31 =

$$3*a*x^2+2*b*x+1$$

dy32 =

$$6*a*x+2*b$$

例 4-10 任意输入一个函数 $f(x)$ 及点 $x0$, 求该函数在 $x0$ 处的微分.

解 MATLAB 程序:

```
syms x dx;
disp('请输入函数 f');
f=input('f=');
disp('请输入点 x0');
x0=input('x0=');
dy=diff(f);
x=x0;
y=eval(dy);
disp(['函数 f(x)=' char(f)' 在点 x0=' num2str(x0)' 的微分为 dy=' num2str(y)'dx'])
```

运行结果:

```
请输入函数 f
    f=x^2
请输入点 x0
    x0=1
函数 f(x)=x^2 在点 x0=1 的微分为 dy=2dx
```

说明: 函数 char(f)是将符号表达式转化为字符串, 函数 num2str 是将数值转化为字符串.

例 4-11 已知二元函数 $f(x,y)=x^3y+3x^2y^3-xy+2$, 求 $f_x', f_y', f_{xy}'', f_{xx}'', f_{yy}''$.

解 MATLAB 程序:

```
syms x y;
f=x^3*y+3*x^2*y^3-x*y+2;
```

```
fx=diff( f,x )
fy=diff( f,y )
fxy=diff( diff( f,x ),y )
fxx=diff( f,x,2 )
fyy=diff( f,y,2 )
```

运行结果：

```
fx =

    3*x^2*y+6*x*y^3-y

fy =

    x^3+9*x^2*y^2-x

fxy =

    3*x^2+18*x*y^2-1

fxx =

    6*x*y+6*y^3

fyy =

    18*x^2*y
```

4.2.3 函数积分

函数积分命令见表 4-6.

表 4-6 函数积分命令

命令	说明
int(f)	对函数 f 求不定积分
int(f,v)	以 v 为积分变量,对函数 f 求不定积分
int(f,a,b)	对函数 f 求 a 到 b 的定积分
int(f,v,a,b)	以 v 为积分变量,对函数 f 求 a 到 b 的定积分

例 4-12 计算下列积分：

$$\int x \ln x dx; \qquad \int_0^1 xe^x dx; \qquad \int_{-\infty}^{\infty} e^{-x^2} dx.$$

解 MATLAB 程序：

```
syms x;
y1=x*log( x );
y2=x*exp( x );
y3=exp( -x^2 );
```

f1=int(y1)

f2=int(y2,0,1)

f3=int(y3,-inf,inf)

运行结果:

f1 =

1/2*x^2*log(x)-1/4*x^2

f2 =

1

f3 =

pi^(1/2)

例 4-13 求二重积分 $\iint\limits_{D} xy^2 \mathrm{d}x\mathrm{d}y$, 其中 $D: 2 \leqslant x \leqslant 4, x \leqslant y \leqslant x^2$.

解 首先将二重积分转化为二次积分:

$$\iint\limits_{D} xy^2 \mathrm{d}x\mathrm{d}y = \int_2^4 \mathrm{d}x \int_x^{x^2} xy^2 \mathrm{d}y$$

命令窗口运行如下:

>> syms x y;

>> int(int(x*y^2,y,x,x^2),2,4)

% 多元函数积分必须转化为累次积分后才能求解

ans =

39808/15

例 4-14 求三重积分 $\iiint\limits_{\Omega} xy^2 z^3 \mathrm{d}v$, 其中 $\Omega: 0 \leqslant x \leqslant 1, 0 \leqslant y \leqslant x^2, x^2 + y^2 \leqslant z \leqslant 1$.

解 首先将三重积分转化为三次积分:

$$\iiint\limits_{\Omega} xy^2 z^3 \mathrm{d}v = \int_0^1 \mathrm{d}x \int_0^{x^2} \mathrm{d}y \int_{x^2+y^2}^1 xy^2 z^3 \mathrm{d}z$$

命令窗口运行如下:

>> syms x y z;

>> int(int(int(x*y^2*z^3,z,x^2+y^2,1),y,0,x^2),x,0,1)

ans =

-1003/44352

例 4-15 求第一类曲线积分 $\int_L (x+y)\mathrm{d}s$, 其中 L 为 $\begin{cases} x=2\cos\theta, \\ y=2\sin\theta, \end{cases} 0 \leqslant \theta \leqslant \pi.$

解 首先将第一类曲线积分转化为定积分:

113

$$\int_L (x+y)\,\mathrm{d}s = \int_0^\pi (x+y)\sqrt{x'^2+y'^2}\,\mathrm{d}\theta$$

程序及结果：

```
syms t;
x=2*cos( t );y=2*sin( t );
int(( x+y )*sqrt( diff( x,t )^2+diff( y,t )^2 ),t,0,pi )
ans =
    8
```

例 4-16　求第二类曲线积分 $\int_L x^2\mathrm{d}y + y^2\mathrm{d}x$，其中 L 是圆周 $x=2\cos t$，$y=2\sin t$ 的上半部分（$y>0$），且沿顺时针方向.

解　首先将第二类曲线积分转化为定积分：

$$\int_L x^2\mathrm{d}y + y^2\mathrm{d}x = \int_\pi^0 \left(x^2 y' + y^2 x' \right)\mathrm{d}t$$

程序及结果：

```
syms x y t;
x=2*cos( t );y=2*sin( t );
dx=diff( x,t );dy=diff( y,t );
int( x^2*dy+y^2*dx,t,pi,0 )
ans =
    32/3
```

例 4-17　求第一类曲面积分 $\iint_{\Sigma} xyz\,\mathrm{d}S$，其中 Σ 为平面 $x+y+z=1$ 位于第一象限的部分.

解　首先将第一类曲面积分转化为二次积分：

$$\iint_{\Sigma} xyz\,\mathrm{d}S = \int_0^1 \mathrm{d}x \int_0^{1-x} xyz\sqrt{1+z_x'^2+z_y'^2}\,\mathrm{d}y \quad (z=1-x-y)$$

程序及结果：

```
syms x y;
z=1-x-y;
zx=diff( z,x );zy=diff( z,y );
int( int( x*y*z*sqrt( 1+zx^2+zy^2 ),y,0,1-x ),x,0,1 )
ans =
    1/120*3^( 1/2 )
```

例 4-18　计算第二类曲面积分 $\iint_{\Sigma} x\mathrm{d}y\mathrm{d}z + y\mathrm{d}z\mathrm{d}x + z\mathrm{d}x\mathrm{d}y$，其中 Σ 为 $z=x^2+y^2$（$0 \leqslant z \leqslant 1$）的下侧部分.

解 首先将第二类曲面积分转化为二重积分,其中 $D:\left\{(x,y)\mid x^2+y^2\leqslant 1\right\}$

$$\iint\limits_{\Sigma} x\mathrm{d}y\mathrm{d}z + y\mathrm{d}z\mathrm{d}x + z\mathrm{d}x\mathrm{d}y = -\iint\limits_{D}\left(x(-z_x') + y(-z_y') + z\right)\mathrm{d}x\mathrm{d}y$$

$$= \iint\limits_{D}\left(x^2 + y^2\right)\mathrm{d}x\mathrm{d}y = \int_0^{2\pi}\mathrm{d}\theta\int_0^1\rho^3\mathrm{d}\rho$$

程序及结果:

```
syms t p;
int( int( p^3,p,0,1 ),t,0,2*pi )
ans =
    1/2*pi
```

4.3 级数

4.3.1 级数求和

当符号变量的和存在时,可以用 symsum 命令进行符号求和.

格式:symsum(f,v,a,b)

说明:f 为符号表达式,表示级数的通项;v 为级数自变量,当通项中只有一个符号变量时可省略;a 和 b 分别为级数求和的起始项和末项.

例 4-19 验证级数 $\displaystyle\sum_{k=1}^{\infty}\frac{1}{k^2}$ 收敛于 $\dfrac{\pi^2}{6}$.

解 命令窗口运行如下:

```
>> syms k;
>> symsum( 1/k^2,1,inf )
 ans =
    1/6*pi^2
```

例 4-20 求级数 $\displaystyle\sum_{n=0}^{\infty}x^n$ 的和函数,其中 $-1 < \mathrm{x} < 1$.

解 命令窗口运行如下:

```
>> syms x n;
>> symsum( x^n,n,0,inf )
ans =
    -1/( x-1 )
```

例 4-21 求级数 $\displaystyle\sum_{n=0}^{\infty}\frac{1}{2n+1}$ 的部分和 S_{50}.

解 此题有两种方法求解,命令窗口运行如下.

方法一:将级数的前 50 项表示为向量 S,则 S_{50} =sum(S).

    >>n=0:49;

    >> S=1./(2*n+1);S50=sum(S)

    S50 =   % 此结果为 short 数据类型

        2.9378

方法二:通过 symsum 函数求 S_{50}.

    >> syms k;

    >> s=symsum(1/(2*k+1),0,49)   % 此结果为符号变量的形式

    s =

        3200355699626285671281379375916142064964/1089380862964257455695840764614254743075

    >> double(s)

    ans =

        2.9378

例 4-22 判断级数 $\sum\limits_{n=1}^{\infty} \dfrac{1}{n\sqrt{2n+1}}$ 的敛散性.

解 通过比较判别法的极限形式判断.

    MATLAB 程序:

    syms n;

    p=limit(1/(n*sqrt(2*n+1))/(1/n^1.5),n,inf);

    if   double(p)<1

        disp(' 此级数收敛 ')

    elseif   double(p)>1

        disp(' 此级数发散 ')

    else

        disp(' 无法判断 ')

    end

运行结果:

    此级数收敛

例 4-23 判断级数 $\sum\limits_{n=1}^{\infty} n\tan\dfrac{\pi}{2^n}$ 的敛散性.

解 通过根值判别法判断.

    MATLAB 程序:

    syms n;

```
p=limit((n*tan(pi/2^n))^(1/n),n,inf);
if  double(p)<1
    disp('此级数收敛')
elseif  double(p)>1
    disp('此级数发散')
else
    disp('无法判断')
end
```

运行结果:

此级数收敛

4.3.2　函数的泰勒级数展开式

MATLAB 提供了 taylor 函数将函数展开为幂级数.

格式:taylor(f,v,n,a)

说明:该函数将函数 f 按变量 v 在 v=a 处展开为幂级数,展开的项数由 n 决定.

例 4-24　求函数 $y=\ln(x+1)$ 在 $x=0$ 处前 10 项的泰勒级数展开式.

解　命令窗口运行如下:

```
>> syms x;y=log(1+x);
>> taylor(y,x,10,0)
ans =
    x-1/2*x^2+1/3*x^3-1/4*x^4+1/5*x^5-1/6*x^6+1/7*x^7-1/8*x^8+1/9*x^9
```

例 4-25　计算定积分 $\int_0^1 e^{-x^2}\,dx$ 的近似值.

解　命令窗口运行如下:

```
>> syms x;y=exp(-x^2);
>> f=taylor(y,x,8,0);
>> int(f,x,0,1)
ans =
    26/35
```

例 4-26　将周期函数 $f(x)=\begin{cases} 1 & 0<x\leqslant\pi \\ -1 & -\pi<x\leqslant 0 \end{cases}$ 的傅里叶级数的前 20 项的部分和函数

在图形中画出来,并与 $f(x)$ 的图形进行对比.

解　MATLAB 程序:

```
% 首先画出函数 f(x)在区间 [-2π,2π] 上的图形
x=[-2*pi:0.1:-pi 0:0.1:pi];
```

```
y=ones( size( x ) );
p1=plot( x,y,'r*' );hold on
plot( x+pi,−y,'r*' );hold on
% 计算 f( x )的傅里叶系数
syms x n;
f=1;
bn=2/pi*int( f*sin( n*x ),x,0,pi );
% 计算 f( x )的傅里叶级数的前 20 项的部分和函数 y20
y20=symsum( bn*sin( n*x ),n,1,20 );
% 将符号函数转换为数值函数并画图
yn=inline( y20 );
x=−2*pi:0.1:2*pi;
p2=plot( x,yn( x ),'b.-' )
legend( [p1,p2],' 原函数图形 ',' 傅里叶展开函数图形 ')
```

运行结果如图 4-2 所示

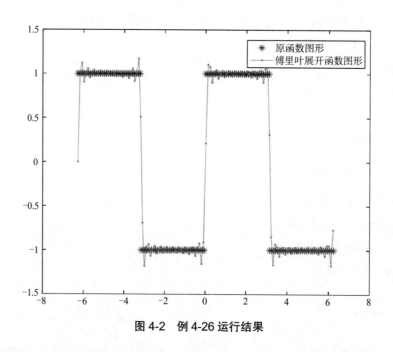

图 4-2　例 4-26 运行结果

4.4　常微分方程

科学研究和工程技术中的问题往往归结为求某个常微分方程的定解问题. MATLAB 提供了很多工具对微分方程进行求解. 本节将主要讨论常微分方程的符号解和数值解的计算方法.

4.4.1 常微分方程的通解

函数 dsolve 可用于求解微分方程符号解,其调用格式如下:

dsolve('方程 1','方程 2',…'方程 n','初始条件','自变量')

说明:在表达微分方程时,用字母 D 表示求导数,如 Dy 表示 y 的一阶导数,Dny 表示 y 的 n 阶导数. 自变量缺省时,默认变量为 t. dsolve 函数既可以求解微分方程的通解,也可以求解特解,还可以求微分方程组的通解和特解,其调用格式见如下例题.

例 4-27 求微分方程 $\dfrac{\mathrm{d}u}{\mathrm{d}t} = 1 + u^2$ 的通解.

解 命令窗口运行如下:

>> dsolve('Du=1+u^2','t')

ans =

tan(t+C1)

例 4-28 求微分方程 $\begin{cases} \dfrac{\mathrm{d}^2 y}{\mathrm{d}x^2} + 4\dfrac{\mathrm{d}y}{\mathrm{d}x} + 29y = 0 \\ y(0) = 0, y'(0) = 15 \end{cases}$ 的特解.

解 命令窗口运行如下:

>> dsolve('D2y+4*Dy+29*y=0','y(0)=0,Dy(0)=15','x')

ans =

3*exp(-2*x)*sin(5*x)

例 4-29 求微分方程组 $\begin{cases} \dfrac{\mathrm{d}x}{\mathrm{d}t} = 2x - 3y + 3z \\ \dfrac{\mathrm{d}y}{\mathrm{d}t} = 4x - 5y + 3z \\ \dfrac{\mathrm{d}z}{\mathrm{d}t} = 4x - 4y + 2z \end{cases}$ 的通解.

解 命令窗口运行如下:

>>[x,y,z]=dsolve('Dx=2*x-3*y+3*z','Dy=4*x-5*y+3*z','Dz=4*x-4*y+2*z')

x =

C2*exp(2*t)+C3*exp(-t)

y =

C2*exp(2*t)+C3*exp(-t)+exp(-2*t)*C1

z =

C2*exp(2*t)+exp(-2*t)*C1

4.4.2 常微分方程数值解

常微分方程的理论指出,很多方程的定解问题虽然存在,但在生产和科研中所处理的微分方程往往很复杂且大多求不出解析解,因此常求其满足精度要求的数值解.

所谓数值解法,就是求解 $y(t)$ 在给定节点 $t_0 < t_1 < \cdots < t_n$ 处的近似解 $y_0,\ y_1, \cdots,\ y_n$ 的方法. 求得的 $y_0, y_1, \cdots, y_n$ 称为微分方程的数值解.

MATLAB 提供了多个微分方程数值解的函数.

格式: [t,y]=solver('fun',ts,y0,options)

说明:

(1)t 和 y 分别给出了自变量数据向量和相应的因变量数据向量;

(2)solver 为求解微分方程数值解的函数,细节见表 4-7;

(3)fun 为微分方程函数的文件名,当微分方程为高阶微分方程时,必须转化为一阶微分方程组的形式,并且在生成函微分方程组的函数文件时,函数的返回值必须以列向量的形式返回;

(4)ts 为求数值解时自变量的取值范围,当 ts=[t0,tf] 时表示求解 t0 到 tf 区间的数值解,当 ts=[t0,t1,…,tf] 时表示求解 ts 指定时间序列上的数值解;

(5)y0 为初始条件列向量;

(6)option 为可选择的算法参数,详见 MATLAB 的帮助文件.

表 4-7 求解微分方程数值解的相关函数

函数	方法	适用场合
ode23	2~3 阶 Runge-Kutta 方法,低精度	非刚性
ode45	4~5 阶 Runge-Kutta 方法,中精度	非刚性
ode123	Adams 算法,精度可达 $10^{-6} \sim 10^{-3}$	非刚性,计算时间比 ode45 短
ode23t	梯形算法	适度刚性
ode15s	反向数值微分算法,中精度	刚性
ode23s	2 阶 Rosebrock 算法,低精度	刚性,精度较低时,计算时间比 ode15s 短
ode23tb	梯形算法	刚性,精度较低时,计算时间比 ode15s 短
ode15i	可变秩算法	完全隐式微分方程

例 4-30 求微分方程 $x^2 y' + xy = y^3, y(1) = 1$ 的数值解.

解 上述方程首先应该转化为

$$y' = -\frac{y}{x} + \frac{y^3}{x^2}$$

MATLAB 程序:

```
fun=inline( '-y/x+y^3/x^2','x','y' );
```

```
[x,y]=ode45( fun,[1,4],1);
plot( x,y,'o-')
```
运行结果如图 4-3 所示.

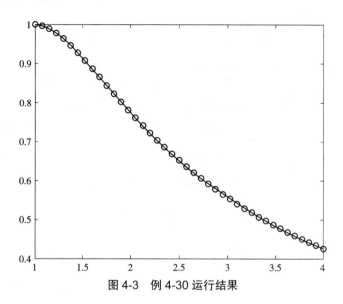

图 4-3 例 4-30 运行结果

例 **4-31** 求微分方程组 $\begin{cases} y_1' = -y_1^3 - y_2, y_1(0) = 1 \\ y_2' = y_1 - y_2^3, y_2(0) = 0.5 \end{cases}$ 的数值解.

解 MATLAB 程序:

```
% 首先建立微分方程的 M 文件
function dy=fun( t,y )
dy=ones( 2,1);   % 保证函数返回值 dy 为列向量
dy( 1 )=-y( 1 )^3-y( 2 );
dy( 2 )=y( 1 )-y( 2 )^3;
% 然后用 ode45 求解并绘图
[t,y]=ode45( 'fun',[0,50],[1 0.5]);
plot( t,y( :,1 ),'*',t,y( :,2 ),'o')
legend( 'y1','y2')
xlabel( 't')
ylabel( 'y')
figure( 2)
plot( y( :,1 ),y( :,2 ))
xlabel( 'y1')
ylabel( 'y2')
```
运行结果如图 4-4 和图 4-5 所示.

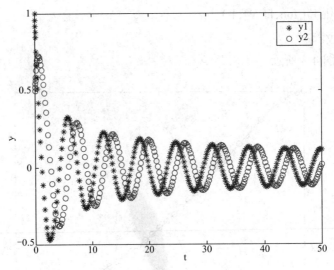

图 4-4 例 4-3 y_1, y_2 函数图形

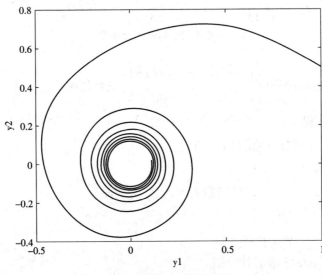

图 4-5 例 4-31 相平面图

例 4-32 求微分方程组 $\begin{cases} \dfrac{\mathrm{d}^2 x}{\mathrm{d}t^2} - 1000(1 - x^2)\dfrac{\mathrm{d}x}{\mathrm{d}t} + x = 0 \\ x(0) = 1, \qquad x'(0) = 1 \end{cases}$ 的数值解.

解 首先引入辅助变量 $y_1 = x, y_2 = y'_1$ 将二阶微分方程变为一阶微分方程组：

$$\begin{cases} y'_1 = y_2 \\ y'_2 = 1000(1 - y_1^2)y_2 - y_1 \\ y_1(0) = 1 \\ y_2(0) = 1 \end{cases}$$

MATLAB 程序：

```
% 首先建立微分方程的 M 文件
function dy=fun2( t,y )
dy( 1 )=y( 2 );
dy( 2 )=1000*( 1-y( 1 )^2 )*y( 2 )-y( 1 );
dy=dy';    % 保证返回值 dy 为列向量
% 然后用 ode45 计算微分方程组数值解并绘图
clc;clear;clf;
t1=clock;
[t,y]=ode45( 'fun2',[0,50],[1 1] );
plot( t,y( :,1 ) );xlabel( 't' );ylabel( 'y' );
figure( 2 )
plot( y( :,1 ),y( :,2 ) );xlabel( 'y1' );ylabel( 'y2' );
t2=clock;
T_ode45=etime( t2,t1 )   % 计算利用 ode45 方法运行时间
% 利用 ode15s 函数计算微分方程组数值解并绘图
t1=clock;
[t,y]=ode15s( 'fun2',[0,50],[1 1] );
plot( t,y( :,1 ) );xlabel( 't' );ylabel( 'y' );
figure( 2 )
plot( y( :,1 ),y( :,2 ) );xlabel( 'y1' );ylabel( 'y2' );
t2=clock;
T_ode15s=etime( t2,t1 )   % 计算利用 ode15s 方法运行时间
```

运行结果（ 图 4-6 和图 4-7 ）：

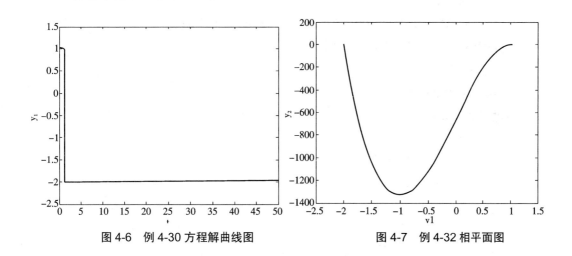

图 4-6　例 4-30 方程解曲线图　　　　　图 4-7　例 4-32 相平面图

T_ode45 =

  6.7660

T_ode15s =

  0.4880

从相平面图中可以看出,y_2的变化幅度很大,而y_1的变化幅度相对于y_2来说非常小.一方面,由于y_2变化太大,为了保证数值稳定性,步长h需足够小;另一方面,由于y_1下降人慢,为了反映解的完整性,时间区间需要足够长,这就造成计算量太大.称具有这种性质的方程组为刚性方程组,ode45不适合用于刚性方程组,因此计算时长大概为6.766秒.而将求解函数改为ode15s后,运行时间仅为0.488秒,运行时间大为缩短.因此,以后再求解微分方程数值解时,如果采用ode45函数进行求解,运行时间比较长,此方程组可能为刚性方程组,可以将求解函数改为ode15s进行求解.

例 4-33 求解微分方程组 $\begin{cases} x' = -\beta x + yz \\ y' = -\sigma(y-z) \\ z' = -xy + \rho y - z \end{cases}$ 的数值解,其初始条件为$x(0)=0$,

$y(0)=0$,$z(0)=\varepsilon$.取$\beta=1/3$,$\sigma=5$,$\rho=10$,试绘制系统相平面图.

解 MATLAB程序:

```
% 首先建立微分方程组函数文件
function dy=fun3( t,y )
dy( 1 )=-1/3*y( 1 )+y( 2 )*y( 3 );
dy( 2 )=-5*( y( 2 )-y( 3 ) );
dy( 3 )=-y( 1 )*y( 2 )+10*y( 2 )-y( 3 );
dy=dy'; % 保证 dy 为列向量
% 调用 ode45 求解数值解并画相平面图
clc;clear;clf
[t,y]=ode45( 'fun3',[0,100],[0 0 eps] );   %eps 为很小的数
plot3( y( :,1 ),y( :,2 ),y( :,3 ) )
grid on
title( '相平面图 ' )
```

运行结果如图 4-8 所示

124

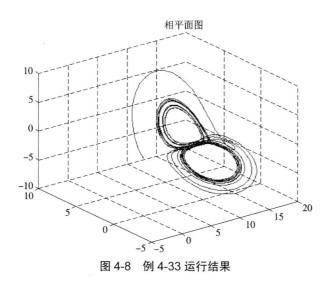

图 4-8 例 4-33 运行结果

4.5 函数的零点以及极值

4.5.1 函数零点

MATLAB 中常用的求方程根的函数及调用方式见表 4-8.

表 4-8 求方程根的函数及调用方式

函数	说明
g=solve('eq')	对方程 eq 的默认变量求解,此时 eq 为符号函数形式或字符串
g=solve('eq','var')	对方程 eq 的指定变量 var 求解
g=solve('eq1','eq2',…,'eqn')	对方程组 eq1,eq2,…,eqn 的默认变量求解
x=fzero('fun',x0) [x,y,h]=fzero('fun',x0)	返回一元函数 fun 的一个零点, x0 为标量时,返回函数在 x0 附近的零点; x0 为区间 $[a,b]$ 时,返回区间 $[a,b]$ 中的零点.其中 x 为极值点,y 为极值,$h>0$ 说明结果可靠,$h<0$ 说明结果不可靠,此时函数 fun 必须为字符串或函数句柄
[x,y,h]=fsolve('fun',x0)	返回一元或多元函数 fun 在 x0 附近的一个零点,此函数中 x0 为迭代初值,fun 为字符串或函数句柄

例 4-34 求方程 $ax^2 + bx + c = 0$ 的根.

解 命令窗口运行如下:

>> solve('a*x^2+b*x+c','x')

ans =

1/2/a*(−b+(b^2−4*a*c)^(1/2))

1/2/a*(−b−(b^2−4*a*c)^(1/2))

例 4-35 求方程组 $\begin{cases} x+y=1 \\ x-2y=1 \end{cases}$ 的解.

解 命令窗口运行如下：

>> [x,y]=solve('x+y=1','x-2*y=1')

x =

    1

y =

    0

例 4-36 求函数 $y = x\sin(x^2 - x - 1)$ 在 $[1,2]$ 内的零点.

解 命令窗口运行如下：

>> [x,f,h]=fzero('x*sin(x^2−x−1)',[1,2])　% 计算函数在区间 [1,2] 内的零点

x =

    1.6180

f =

    0

h =

    1

>> [x,f,h]=fzero('x*sin(x^2−x−1)',1.5)　% 计算函数在 1.5 附近的零点

x =

    1.6180

f =

    0

h =

    1

>> [x,f,h]=fsolve('x*sin(x^2−x−1)',1.5)　% 计算函数在 1.5 附近的零点

x =

    1.6180

f =

    2.1664e−013

h =

    1

例 4-37 分别用 fzero 和 fsolve 函数求解方程 $(x-1)^2 = 0$.

解 命令窗口运行如下：

>> fzero('(x−1)^2',1.1)

Exiting fzero：aborting search for an interval containing a sign change

because NaN or Inf function value encountered during search.

（Function value at −1.88782e+154 is Inf.）

Check function or try again with a different starting value.

ans =

NaN

\>> fsolve（'（x−1）^2', 1.1）

Optimization terminated：first-order optimality is less than options.TolFun.

ans =

1.0063

从计算结果可看出，fzero 未能求出零点近似解，而 fsolve 求出了零点近似解，这是因为 fzero 只能求解零点附近符号发生改变的方程的根.

例 4-38 求方程组 $\begin{cases} 4x - y + \dfrac{1}{10}e^x = 1 \\ -x + 4y + \dfrac{1}{8}x^2 = 0 \end{cases}$ 在原点附近的解.

解 MATLAB 程序：

```
% 注意 x,y 要写为合成变量 x,即用 x（1）表示变量 x,x（2）表示变量 y.
% 首先定义函数文件 eg4_38fun
function y=eg4_38fun（x）
y（1）=4*x（1）-x（2）+exp（x（1））/10-1；
y（2）=-x（1）+4*x（2）+1/8*x（1）^2；
% 用 fsolve 函数求解
>> [x,f,h]=fsolve（@eg4_38fun,[0,0]）
```

Optimization terminated：first-order optimality is less than options.TolFun.

x =

0.2326   0.0565

f =

1.0e−006 *

0.0908   0.1798

h =

1

4.5.2 极值

MATLAB 中求函数极值的常用命令有 fminbnd、fminsearch 和 fminunc 三个函数.

格式 1:[x,f,h]=fminbnd(fun,a,b)

说明: x 返回一元函数 y=f(x)在区间 [a,b] 内的局部极小值点;f 返回局部极小值;h 大于 0 说明结果可靠,h 小于 0 说明结果不可靠;fun 为函数句柄或字符串形式的函数表达式.

格式 2:[x,f,h]=fminsearch(fun,x0)

说明: x 返回一元或多元函数 y=f(x)在初始值 x0 附近的局部极小值点;f 返回局部极小值;h 大于 0 说明结果可靠,h 小于 0 说明结果不可靠;fun 为函数句柄或字符串形式的函数表达式.计算多元函数极值问题时,x 和 x0 均为向量形式.

格式 3:[x,f,h]=fminunc(fun,x0)

说明: fminunc 调用格式与 fminsearch 相同,两种函数采用的算法不同.

例 4-39 求一元函数 $f = x^3 - x^2 - x + 1$ 在 [0,2] 内的极小值和极大值.

解 MATLAB 程序:

```
clc;clear;clf
x=0:0.1:3;
y=x.^3-x.^2-x+1;
plot( x,y );
syms x;
y=x^3-x^2-x+1;
f1=inline( y );
[xmin,fmin,h]=fminbnd( f1,0,2 );
f2=inline( -y );
[xmax,f,h]=fminbnd( f2,0,2 );
fprintf( '[0,2] 区间内局部极小值点为 %5.4f,极小值为 %5.4f\n',xmin,fmin )
fprintf( '[0,2] 区间内局部极大值点为 %5.4f,极大值为 %5.4f\n',xmax,-f )
```

运行结果(图 4-9):

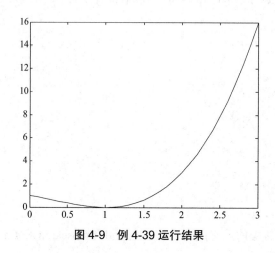

图 4-9 例 4-39 运行结果

[0,2] 区间内局部极小值点为 1.0000,极小值为 0.0000

[0,2] 区间内局部极大值点为 2.0000,极大值为 3.0000

例 4-40 求一元函数 $f=x^3-x^2-x+1$ 在 $x_0=0$ 附近的极小值.

解 命令窗口运行如下:

```
>> [x,f,h]=fminsearch('x^3-x^2-x+1',0)
```

x =

　　1.0000

f =

　　0

h =

　　1

例 4-41 求二元函数 $f(x,y)=(x^2-4y)^2+100(1-y)^2$ 在 $(-2,2)$ 点附近的极小值.

解 命令窗口运行如下:

% 求多元函数极值问题时,自变量必须写为向量形式,即把 x,y 用 x(1),x(2) 替代

% 采用 fminunc 计算多元函数极小值

```
>> [x,f,h]=fminunc('(x(1)^2-4*x(2))^2+100*(1-x(2))^2',[-2,2])
```

x =

　　-2.0000　　　1.0000

f =

　　7.1624e-012

h =

　　1

% 采用 fminsearch 计算多元函数极小值

```
>> [x,f,h]=fminsearch('(x(1)^2-4*x(2))^2+100*(1-x(2))^2',[-2,2])
```

x =

　　-2.0000　　　1.0000

f =

　　1.6826e-008

h =

　　1

习题 4

1. 计算下列函数的极限:

（1）$\lim\limits_{x \to 0} \dfrac{\sin x}{x}$；（2）$\lim\limits_{x \to 0^+} \dfrac{\sqrt{1+x^2}-1}{x^2}$；（3）$\lim\limits_{x \to \infty} \left(\sin\sqrt{x^2+1} - \sin x \right)/x$.

2. 计算下列函数的一阶、二阶导数.

（1）$y=\sin x^2$；（2）$y=\arctan\left(\sqrt{1+x^2}\right)$；（3）$y=\ln(1-x^2)$；（4）$y=\sin x\cos(x+1)$.

3. 计算下列二元函数的一阶偏导数及二阶偏导数:

（1）$z=\sin(x^2+y^2)$；（2）$z=\arctan\dfrac{x+y}{1-xy}$；（3）$z=\ln(x^2+xy+y^2)$.

4. 已知函数 $z=\arctan\dfrac{x}{1+y^2}$，求 $\mathrm{d}z\big|_{(1,1)}$.

5. 计算下列函数的积分:

（1）$\int_0^1 x\mathrm{e}^{-x}\mathrm{d}x$；（2）$\int_0^{\pi/2} x\cos x\mathrm{d}x$；（3）$\int_0^1 x\arctan x\mathrm{d}x$；（4）$\int_1^{\mathrm{e}} x\ln x\mathrm{d}x$.

6. 计算下列多元函数的积分.

（1）计算 $\iint\limits_{D}\ln(1+x^2+y^2)\mathrm{d}x\mathrm{d}y$，其中 $D: x^2+y^2 \leqslant 1$.

（2）计算 $\iiint\limits_{\Omega}\dfrac{\ln(x^2+y^2+z^2)}{\sqrt{x^2+y^2+z^2}}\mathrm{d}x\mathrm{d}y\mathrm{d}z$，其中 $\Omega: 1 \leqslant x^2+y^2+z^2 \leqslant 4$.

（3）计算 $\int\limits_{L}\sqrt{2y^2+z^2}\mathrm{d}s$，其中 $L: x^2+y^2+z^2=4$ 与 $x=y$ 相交的圆.

（4）计算 $\int\limits_{L} x^2\mathrm{d}x+y^2\mathrm{d}x$，其中 L $\begin{cases} x=\cos t \\ y=\sin t \end{cases}$ 的上半部分，且沿顺时针方向.

（5）计算 $\iint\limits_{\Sigma}\mathrm{e}^z\mathrm{d}x\mathrm{d}y$，其中 Σ 是圆锥面 $z=\sqrt{x^2+y^2}$ 夹在平面 $z=1$ 和 $z=2$ 之间部分的内侧.

（6）计算曲面积分 $\iint\limits_{\Sigma}(x+y+z)\mathrm{d}S$，其中 Σ 是上半球面 $z=\sqrt{1-x^2-y^2}$.

7. 设 $f(x)$ 为以 2π 为周期的周期函数，它在一个周期内的表达式 $f(x)=\dfrac{\pi}{4}-\dfrac{1}{2}x$，$x\in[-\pi,\pi]$ 将 $f(x)$ 展位傅里叶级数.

8. 计算下列常微分方程:

（1）$y'' + 2y' - 3y = e^{-3x}$；

（2）$yy'' - (y')^2 - 1 = 0$；

（3）$y'' + y' + y = \cos x, \quad y|_{x=0} = 0, y'|_{x=0} = \dfrac{3}{2}$；

（4）$y'' + y = e^x + \cos x, y|_{x=0} = 1, y'|_{x=0} = 1$.

9. 计算方程组 $\begin{cases} x^2 y^2 - 2x - 1 = 0 \\ x^2 - y^2 - 1 = 0 \end{cases}$ 的根.

10. 求方程 $x^3 + x^2 - x + 1 = 0$ 在 $x = -2$ 附近的根.

11. 求二元函数 $f(x, y) = x^3 - 4x^2 + 2xy - y^2$ 在（1，1）点附近的极大值.

第 5 章　概率论与数理统计相关运算

概率论与数理统计是研究随机现象数量规律的一门科学,随机现象在几乎所有的学科门类和行业部门中都广泛应用,概率论的方法和理论也被广泛应用在自然科学、社会科学、工业、农业、医学、军事、经济、金融、管理等领域.本章论述了 MATLAB 在概率论与数理统计中的应用,具体包括生成随机分布数据、计算概率密度函数、计算概率分布、计算数字特征、参数估计、假设检验等.

5.1　概率与统计预备知识

自然界所能观察到的现象千姿百态,概括起来可分为两类:一类现象是在一定条件下发生的结果是可以预知的,称为必然现象,例如标准大气压下 100 ℃的纯水必然沸腾;另一类现象是发生的结果在事先无法准确预知,称为偶然现象或随机现象,例如抛掷一枚硬币,落地后它可能正面朝上,也可能反面朝上.

随机现象中的事件可能发生也可能不发生.一个随机事件 A 发生的可能性的大小,用一个介于 0 与 1 之间的数表示,称为 A 的概率,记为 $P(A)$.概率的意义在类似的现象大量重复出现时会表现出来.

在随机现象中,变量的取值是不确定的,称为随机变量.描述随机变量取值的函数称为概率分布.对于随机变量,通常主要关心它的两个主要数字特征:数学期望(均值)和方差(偏离平均值的程度),方差的算术平方根称为标准差(或均方差).另外,协方差和相关系数用于描述两个随机变量的线性相关程度.

随机变量的分布,根据其取值特点不同主要分为离散型和连续型两类.典型的离散型分布有离散型均匀分布、二项分布、Possion 分布、超几何分布等,典型的连续型分布有均匀分布、正态分布、指数分布、χ^2 分布、t 分布和 F 分布等.

1. 离散型均匀分布

若随机变量 X 的概率分布为

$$P(X=k)=1/n, \qquad k=1,2,\cdots,n,$$

则称 X 服从离散型均匀分布.

2. 二项分布

若随机实验可能结果只有两个:事件 A 发生或事件 A 不发生,则称此随机实验为 Bernoulli 实验.将 Bernoulli 实验独立重复进行 n 次,称为 n 重 Bernoulli 实验,n 重 Bernoulli 实验中事件 A 发生的次数的分布率为

$$P(X=k)=C_n^k p^k (1-p)^{n-k}, \qquad k=0,1,2,\cdots,n,$$

称 X 服从参数为 n,p 的二项分布,记为 $X\sim B(n,p)$.

3. 泊松分布

设随机变量 X 的所有可能取值为一切非负整数,而取各个值的概率为

$$P(X=k)=\frac{\lambda^k}{k!}\mathrm{e}^{-\lambda}, \qquad k=0,1,2,\cdots,$$

其中,$\lambda>0$ 且为常数,则称 X 服从参数为 λ 的泊松分布,记为 $X\sim P(\lambda)$.

4. 超几何分布

如果随机变量 X 的分布率为

$$P(X=k)=\frac{C_M^k C_{N-M}^{n-k}}{C_N^n}, \qquad k=0,1,2,\cdots,\min\{M,n\},$$

其中,n,M,N 都是正整数,且 $n\leqslant N,M\leqslant N$,则称随机变量 X 服从参数为 n,M,N 的超几何分布,记为 $X\sim H(n,M,N)$.

5. 连续型均匀分布

连续型概率分布的表达方式与离散型有很大不同,因为连续型随机变量的取值无法列举,并且它在单个点的取值的概率总是零.连续型概率分布是用密度函数来表示的,相应随机变量取值的概率可通过对密度函数的积分来求得.

连续型均匀分布 $U(a,b)$ 是一个简单而重要的连续型概率分布,其概率密度函数为

$$f(x)=\begin{cases} \dfrac{1}{b-a}, & a<x<b, \\ 0, & \text{other}. \end{cases}$$

6. 正态分布

正态分布 $N(\mu,\sigma^2)$ 是应用最广泛的一类概率分布.许多实际问题中的变量,如测量误差,某地区成年男子的身高、体重,学生的考试成绩等,都可以认为服从正态分布.其概率密度函数为

$$f(x)=\frac{1}{\alpha\sqrt{2\pi}}\exp\left(-\frac{(x-\mu)^2}{2\sigma^2}\right),$$

其中,μ 是随机变量取值的平均值,而 σ 是随机变量取值的差异(标准差).

7. 指数分布

指数分布 $\mathrm{e}(\lambda)$ 的应用也很广泛,例如一些没有明显"衰老"激励的元件寿命、动物的寿命、电话的通话时间等均服从指数分布.其概率密度函数为

$$f(x)=\begin{cases} \dfrac{1}{\lambda}\mathrm{e}^{-\frac{x}{\lambda}}, & x>0, \\ 0, & \text{other}, \end{cases}$$

其中, $\lambda > 0$ 为常数.

8. 分布函数和逆分布函数

设 X 是一个随机变量, 称

$$F(x) = P(X \leqslant x), -\infty < x < \infty$$

为 X 的分布函数. 它是 X 不超过 x 的概率分布的累加, 所以也称为累加概率函数.

分布函数的逆函数称为逆分布函数, 它构成映射 $p \to x_p$ 使得

$$P(X \leqslant x_p) = p, \quad 0 \leqslant p \leqslant 1.$$

x_p 也称为 $100p\%$ 下分位数.

9. 统计量

所谓总体, 就是一大批具有特定意义的、待分析的随机数据, 数学上用一个未知的概率分布表示. 在大多数情况下, 总体的分布类型是已知的, 只是某些参数未知. 例如已知总体服从正态分布 $N(\mu, \sigma^2)$, 但其中参数 μ, σ^2 未知. 总体的一部分数据 $x_1, x_2, \cdots, x_n$ 称为一个容量为 n 的样本. 数理统计就是根据样本对总体进行推断.

不含未知参数的样本的函数称为统计量, 它是样本特征的集中反映, 选取一个正确的统计量是统计推断的关键. 下面是几个最基本的统计量.

（1）样本均值 $\bar{x} = \dfrac{1}{n} \sum\limits_{i=1}^{n} x_i$, 反映了样本取值的平均.

（2）样本方差 $s^2 = \dfrac{1}{n-1} \sum\limits_{i=1}^{n} \left(x_i - \bar{x} \right)^2$, 样本标准差 $s = \sqrt{s^2}$, 反映了样本对于均值的偏离程度.

（3）样本协方差 $\mathrm{cov}(x, y) = \dfrac{1}{n-1} \sum\limits_{i=1}^{n} \left(x_i - \bar{x} \right) \left(y_i - \bar{y} \right)$.

（4）样本相关系数 $r(x, y) = \dfrac{\mathrm{cov}(x, y)}{s_x s_y}$, 其中 s_x, s_y 为样本标准差, 反映了样本 $x_1, x_2, \cdots, x_n$ 与样本 $y_1, y_2, \cdots, y_n$ 的线性相关系数. 若 $|r|$ 越接近 1, 说明 x 与 y 的线性相关性越大.

10. 参数估计

在统计推断中, 总体参数 θ 未知, 需要根据样本 $x_1, x_2, \cdots, x_n$ 估计 θ 的值. 参数估计分为两类估计方式: 点估计和区间估计. 点估计就是直接给出 θ 的估计值, 但点估计缺乏对估计精度的说明. 而区间估计给出 θ 的估计值区间, 并附加一个概率, 如 "θ 的 95% 置信区间是 $[1.54, 1.76]$", 其含义是 θ 在 $[1.54, 1.76]$ 内的概率为 0.95, 即 $P(1.54 < \theta < 1.76) = 0.95$.

11. 假设检验

许多统计推断常涉及对某假设的正确性作出 "是" 或 "否" 的判断, 例如某工厂的产品是

否合格,某学校的模型是否与现实相符等. 在这类问题中,往往要根据手头的数据判断是否与某假设(称为零假设或原假设 H_0)明显不符,也称为显著性检验. 根据不利于 H_0 的数据偏向提出与之对立的假设(称为备择假设或对立假设 H_1). 在统计推断中,如果要分析某事件是否明显,那么通常此事件是 H_1 . 结论常如"在显著性水平 $\alpha = 0.05$ 下,拒绝 H_0 ",其含义是推断为"数据与 H_0 明显不符",这一统计推断结论可能错误,但错误的概率只有 0.05.

5.2 概率函数

MATLAB 中的概率函数包含两种类型:一种是通用型的概率函数,另一种是针对于不同分布给出的概率函数.

1. 不同分布下的概率函数

MATLAB 统计工具箱提供了 20 种概率分布,本书只介绍其中常用的 10 种概率分布的命令字符以及每一种分布对应的 5 类运算功能的命令字符,见表 5-1 和表 5-2.

表 5-1   概率分布的命令字符

分布	离散型随机变量				连续型随机变量					
	均匀	二项	泊松	几何	均匀	指数	正态	χ^2 分布	t 分布	F 分布
字符	unid	bino	poiss	geo	unif	exp	norm	chi2	t	f

表 5-2   运算功能的命令字符

功能	概率密度	分布函数	逆概率分布	均值与方差	随机数生成
字符	pdf	cdf	inv	stat	rnd

逆概率分布就是概率分布的逆函数,即给定概率 α ,求满足 $F(x_\alpha) = \int_{-\infty}^{x_\alpha} f(x)\mathrm{d}x = \alpha$ 的 x_α 值, x_α 称为该分布的下 α 分位数.

当需要某一分布的某类运算功能时,将分布字符与功能字符链接起来,就得到所要的命令.

(1)y=normpdf(x,mu,sigma):返回参数为 μ,σ 的正态分布密度函数在 x 处的值.

(2)y=normcdf(x,mu,sigma):返回正态分布函数在 x 处的值.

(3)y=norminv(α ,mu,sigma):正态分布的逆分布函数,返回下 α 分位数.

(4)[E,D]=normstat(mu,sigma):返回参数为 mu 和 sigma 的正态分布的期望 E 和方差 D.

(5)x=normrnd(mu, sigma, m, n):生成参数为 mu 和 sigma 正态分布的 m 行 n 列随机数矩阵.

2. 通用型概率函数

常用的通用型概率函数见表 5-3,常用的分布类型见表 5-4.

表 5-3　通用型概率函数

命令	说明
R=random('name',p1,p2,…,m,n)	生成以 p1, p2,…为参数的 m 行 n 列 name 类分布随机数矩阵, name 表示分布类型,见表 5-4
y=pdf('name',x,p1,p2,…)	返回以 p1, p2,…为参数的 name 分布概率函数(即分布率或密度函数)在 x 处的值,name 表示分布类型的字符串,可适用的分布类型类似于 random
y=cdf('name',x,p1,p2,…)	返回以 p1, p2,…为参数的 name 分布累计概率函数(分布函数)在 x 处的值,name 表示分布类型的字符串,可适用的分布类型类似于 random
y=icdf('name',x,p1,p2,…)	返回以 p1, p2,…为参数的 name 分布逆分布函数(即下分位数)在 x 处的值,x 介于 0 和 1 之间, name 表示分布类型的字符串,可适用的分布类型类似于 random

表 5-4　常用分布类型

分布字符	分布名称	分布字符	分布名称	分布字符	分布名称
binomial	二项分布	uniform	均匀分布	normal	正态分布
poisson	Poisson 分布	chi2	χ^2 分布	t	t 分布
f	F 分布	geometric	几何分布	exponential	指数分布

例 5-1　随机数生成示例.

解　命令窗口程序:

```
>> a3=normrnd( 1,2,1,5 )  % 生成 1 行 5 列参数服从 1,2 的正态分布随机数
a3 =
      3.3818    3.3783    0.9247    1.6546    1.3493
>> a4=unidrnd( 6,1,5 )  % 生成 1 至 6 的等概率 1 行 5 列随机数
a4 =
      4      3      1      5      3
>> a5=unifrnd( 1,6,1,5 )  % 生成区间 [1,6] 内的等概率 1 行 5 列随机数
a5 =
      3.4617    4.1677    4.6873    3.9528    1.7051
>> a6=random( 'uniform',1,6,1,5 )  % 同 unifrnd( 1,6,1,5 )
a6 =
      2.6228    4.7419    4.6676    2.6411    4.5746
>> a7=random( 'normal',1,2,1,5 )  % 同 normrnd( 1,2,1,5 )
a7 =
```

0.8554	0.7675	0.1501	1.1432	1.2323

例 5-2 生成满足标准正态分布的 100 个随机数,计算这些随机数的概率密度值,并画出概率密度曲线和分布函数曲线.

解 MATLAB 程序:

```
clc;clear;
x=random('normal',0,1,1,100);
p=pdf('normal',x,0,1);
F=cdf('normal',x,0,1);
scatter(x,p)
title('标准正态分布概率密度曲线')
figure(2)
scatter(x,F)
title('标准正态分布分布函数曲线')
```

运行结果如图 5-1 所示.

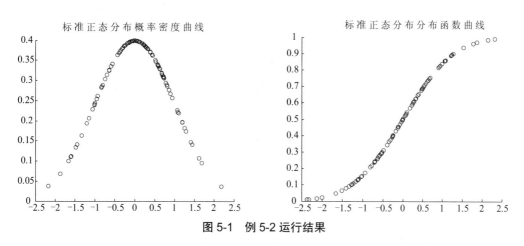

图 5-1 例 5-2 运行结果

例 5-3 已知随机变量 $X \sim B(10,0.4)$,求 X 取值为 $0,1,2,3$ 时的概率值.

解 命令窗口运行程序:

```
>> X=[0 1 2 3];
>> P=pdf('binomial',X,10,0.4)    %binomial 为二项分布
P =
```

0.0060	0.0403	0.1209	0.2150

例 5-4 绘制如下概率密度曲线:

(1)正态分布 $N(0,0.5^2)$,$N(0,1^2)$,$N(1,2^2)$,$N(-1,2^2)$ 的概率密度图;

(2)$\chi_1^2 \sim \chi^2(4)$,$\chi_2^2 \sim \chi^2(9)$,$\chi_3^2 \sim \chi^2(20)$,$\chi_4^2 \sim \chi^2(30)$ 的概率密度图;

(3)$T_1 \sim t(4)$,$T_2 \sim t(20)$ 和 $N(0,1^2)$ 的概率密度图;

（4）$F_1 \sim F(4,1)$，$F_3 \sim F(4,10)$的概率密度图.

解 （1）MATLAB 程序：

```
clc;clear;clf
x=-10:0.1:10;
plot([0 0],[0,1],'-');hold on
p1=pdf('normal',x,0,0.5);p2=pdf('normal',x,0,1);
p3=pdf('normal',x,1,2);p4=pdf('normal',x,-1,2);
plot(x,p1,x,p2,x,p3,x,p4);
gtext('N(0,0.5^2)');gtext('N(0,1^2)');
gtext('N(1,2^2)');gtext('N(-1,2^2)')
title('正态分布概率密度函数曲线')
```

运行结果如图 5-2 所示.

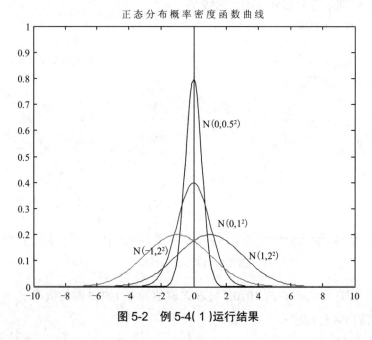

图 5-2　例 5-4（1）运行结果

从正态分布概率密度曲线中可以看出，曲线关于 $x=\mu$ 对称，σ 越大曲线越平缓.

（2）MATLAB 程序：

```
clc;clear;clf
x=0:0.1:50;
p1=pdf('chi2',x,4);
p2=pdf('chi2',x,9);
p3=pdf('chi2',x,20);
p4=pdf('chi2',x,30);
```

```
plot( x,p1 );
hold on;gtext( 'X^2( 4 )' )
plot( x,p2 );
hold on;gtext( 'X^2( 9 )' )
plot( x,p3 );
hold on;gtext( 'X^2( 20 )' )
plot( x,p4 );
hold on;gtext( 'X^2( 30 )' )
title( 'X^2 分布概率密度函数曲线' )
```

运行结果如图 5-3 所示.

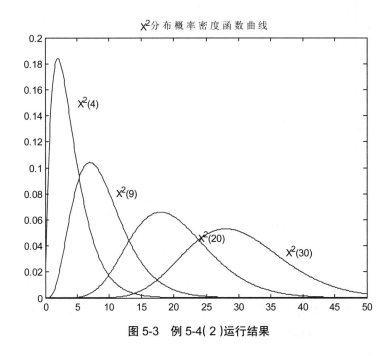

图 5-3 例 5-4(2)运行结果

$Y \sim \chi^2(n)$分布的数学期望 $EY=n$,方差 $DY=2n$. 当自由度 n 增大时,其数学期望和方差均增大,因此概率密度曲线会向右移动,且变平缓.

（3）MATLAB 程序:

```
clc;clear;clf
x=-10:0.1:10;
p1=pdf( 't',x,4 );p2=pdf( 't',x,20 );
axis( [-4 4 0 0.45] )
plot( x,p1 );
hold on;gtext( 't( 4 )' )
```

```
plot( x,p2 );
hold on;gtext( 't( 30 )' )
p3=pdf( 'normal',x,0,1 );
plot( x,p3 );
hold on;gtext( 'N( 0,1^2 )' )
title( 't 分布概率密度函数曲线 ' )
```
运行结果如图 5-4 所示.

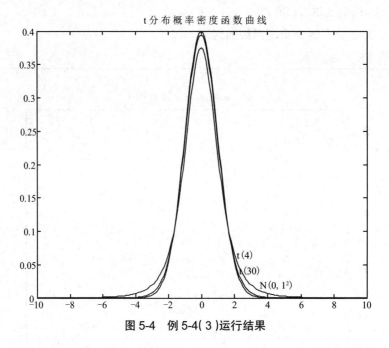

图 5-4　例 5-4(3)运行结果

从图中可以观察到, t 分布的概率密度曲线的峰值由小到大依次是 $t(4)$, $t(30)$, $N(0,1)$.进一步可以验证统计理论中的结论: $n \to \infty$ 时 $t(n) \to N(0,1)$.从图中可以看出, $n \geqslant 30$ 时, $t(20)$ 与 $N(0,1)$ 基本上重合.

（ 4 ）MATLAB 程序:
```
clc;clear;clf
x=0:0.01:5;
p1=pdf( 'f',x,4,1 );
p2=pdf( 'f',x,4,10 );
plot( x,p1 );
hold on;gtext( 'F( 4,1 )' )
plot( x,p2 );
hold on;gtext( 'F( 4,10 )' )
title( 'F 分布概率密度函数曲线 ' )
```

运行结果如图 5-5 所示.

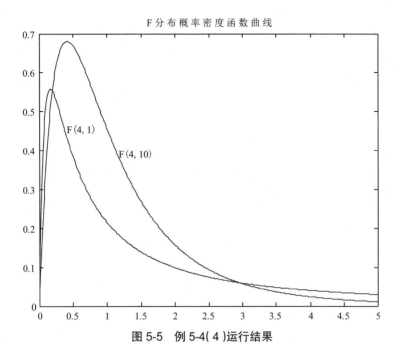

图 5-5 例 5-4(4)运行结果

例 5-5 求参数为 $n=100, p=0.1$ 的二项分布的期望和方差.

解 命令窗口程序:

>> [E,D]=binostat(100,0.1)

E =

    10

D =

    9

例 5-6 求参数 λ 分别为 $1,2,3$ 的指数分布的期望和方差.

解 命令窗口程序:

>> [E,D]=expstat([1 2 3])

E =

    1   2   3

D =

    1   4   9

5.3 统计函数

5.3.1 统计量

1. 算术平均值

格式: mean(X)

mean(X,dim)

说明: 当 X 为向量时,返回向量中各元素的算术平均值,即样本均值;当 X 为矩阵时,返回矩阵每列元素的均值构成的向量. 函数 mean(X,dim)中,当 dim=1 时,该函数等同于 mean(X);当 dim=2 时,返回一个列向量,其中第 i 个元素为 X 的第 i 行的算术平均值.

例 5-7 随机生成一个 4 行 5 列的整数矩阵,并且矩阵中的元素位于区间 [0, 100],求该矩阵的每一列的均值和每一行的均值.

解 命令窗口程序:

```
>> A=unidrnd( 100,4,5 )

A =

    82    64    96    96    43
    91    10    97    49    92
    13    28    16    81    80
    92    55    98    15    96

>> A_mean_col=mean( A )

A_mean_col =

    69.5000    39.2500    76.7500    60.2500    77.7500

>> A_mean_row=mean( A,2 )

A_mean_row =

    76.2000
    67.8000
    43.6000
    71.2000
```

2. 几何平均数

格式: M=geomean(X)

说明: 当 X 为向量时,返回向量的几何平均值;当 X 为矩阵时,返回矩阵每列元素的几何平均值构成的向量.

例 5-8 随机生成一个 10 维的向量,分别计算该向量的算术平均值和几何平均值,并比较两者的大小.

解 命令窗口程序:

```
>> a=unidrnd(10,1,10)
a =
     7     1     9    10     7     8     8     4     7     2
>> mean_a=mean(a)
mean_a =
    6.3000
>> geomean_a=geomean(a)
geomean_a =
    5.2466
```

3. 中位数

格式: median(X)

median(X,dim)

说明: 当 X 为向量时,返回向量中各元素的中位数;当 X 为矩阵时,返回矩阵每列元素的中位数构成的向量. 函数 median(X,dim)中,当 dim=1 时,该函数等同于 median(X);当 dim=2 时,返回一个列向量,其中第 i 个元素为 X 的第 i 行的中位数.

例 5-9 分别计算向量 a=[1,2,3,4] 和 b=[1,2,3,4,5] 的中位数.

解 命令窗口程序:

```
>> a=1:4;
>> b=1:5;
>> median_a=median(a)
median_a =
    2.5000    % 中间两个数的均值
>> median_b=median(b)
median_b =
    3
```

4. 数据排序

格式: Y=sort(X)

[Y, I]=sort(X)

[Y, I]=sort(X, dim)

说明: 当 X 为向量时,返回 X 中各元素按由小到大排列后的向量;当 X 为矩阵时,返回矩阵每列元素由小到大排列后的矩阵. 函数 [Y, I]=sort(X)中,Y 为排序结果,I 是返回的排序后 Y 的每个元素在原先 X 中的位置. 函数 [Y, I]=sort(X, dim)中,dim 指明对 X 的列还是行进行排序,当 dim=1 时,则按列排序,该函数等同于 [Y, I]=sort(X);当 dim=2 时,则按行排序. 另外,当 X 中的元素为复数时,则对 X 中元素的模进行排序.

例 5-10   对向量 *x*=[3,6,2,6,4,6] 进行排序,并返回排序后每个元素在原来向量中的位置.

解   命令窗口程序:

```
>> x=[3,6,2,6,4,6];
>> [y,I]=sort( x )
y =
        2      3      4      6      6      6
I =
        3      1      5      2      4      6
```

5. 极差

格式: Y=range(X)

说明: 当 X 为向量时,返回 X 中的最大值和最小值之差;当 X 为矩阵时,返回 X 中各列元素的最大值和最小值之差构成的向量.

6. 样本方差

格式: var_X=var(X)

var_X=var(X,dim)

说明: 当 X 为向量时,返回向量 X 的样本方差;当 X 为矩阵时,返回 X 中各列元素的样本方差构成的向量. 函数 var(X, dim)中,当 dim=1 时,该函数等同于 var(X);当 dim=2 时,返回一个列向量,其中第 *i* 个元素为 X 的第 *i* 行的样本方差.

7. 样本均方差

格式: std_X=std(X)

std_X=std(X,dim)

说明: 用法与 var 类似.

8. 样本协方差

格式: cov_X=cov(X)

cov_xy=cov(x,y)

说明: 当 X 为向量时,样本协方差即为 X 的样本方差;当 X 为 $m \times n$ 矩阵时,则将矩阵的每一列看作一组样本,返回 *n* 组样本的协方差矩阵. cov(x,y)返回两组样本的协方差.

9. 相关系数

格式: R=corrcoef(X)

R=corrcoef(x,y)

说明: corrcoef(X)返回矩阵 X 的列向量的相关系数矩阵,corrcoef(x,y)返回列向量 x, y 的相关系数.

例 5-11   统计量函数示例.

解   命令窗口程序:

```
>> X=unidrnd（100,5,4） % 在（0,100）之间随机生成一个5行4列的随机矩阵
X =
    96    77    62    41
    24    46    80    94
    61     2    93    92
    49    83    74    42
    90    45    18    90
>> mean（X） % 计算X每列的均值
ans =
    64.0000    50.6000    65.4000    71.8000
>> median（X） % 计算X每列的中位数
ans =
    61    46    74    90
>> std（X） % 计算X每列的标准差
ans =
    29.7237    32.2537    28.7541    27.6984
>> sqrt（var（X）） % 计算X每列的方差的平方根,与标准差相等
ans =
    29.7237    32.2537    28.7541    27.6984
>> cov（X） % 矩阵X的每列相当于一个样本,一共4组样本,计算样本的协方差矩阵
ans =
    1.0e+003 *
    0.8835     0.1357    -0.5343    -0.2535
    0.1357     1.0403    -0.2385    -0.7411
   -0.5343    -0.2385     0.8268    -0.0332
   -0.2535    -0.7411    -0.0332     0.7672
>> corrcoef（X） % 计算样本的相关系数
ans =
    1.0000     0.1416    -0.6251    -0.3079
    0.1416     1.0000    -0.2572    -0.8296
   -0.6251    -0.2572     1.0000    -0.0416
   -0.3079    -0.8296    -0.0416     1.0000
```

5.3.2　方差分析

通过方差分析,可以研究不同因素以及因素的不同水平对事件发生的影响程度. 根据自

变量个数的不同,方差分析可分为单因子方差分析和多因子方差分析.

1. 单因子方差分析

一项实验有多个影响因素,如果只有一个因素发生变化,则称为单因子方差分析. 进行单因子方差分析时,有组间平方和(也称条件误差 SSA)和组内平方和(也称实验误差 SSE).其调用格式如下.

格式 1: p=anoval(X)

说明: 根据样本观测值矩阵 X 进行单因素一元方差分析,检验矩阵 X 的各列所对应的总体是否具有相同的均值,原假设是 X 的各列所对应的总体具有相同的均值. 输出参数 p 是检验的 p 值,对于给定的显著性水平,如果 p≤显著性水平,则拒绝原假设,认为 X 的各列所对应的总体具有不完全相同的均值;否则接受原假设,认为 X 的各列所对应的总体具有相同的均值.

anoval 函数还生成 2 个图形:标准的方差分析表和箱线图. 其中,方差分析表把数据之间的差异分为两部分:一是由于列均值之间的差异引起的变差(即组间变差);二是由每列数据与该列数据均值之间的差异引起的变差(即组内变差).

标准的单因素一元方差分析表有 6 列:

第一列为方差来源,方差来源有组间(columns)、组内(error)和总计(total)3 种;

第二列为每一个误差来源所对应的平方和(SS);

第三列为与每一个误差来源所对应的自由度(df);

第四列为均值平方和(MS),其中 MS=SS/df;

第五列为 F 检验统计量的观测值,它是组间均方与组内均方的比值;

第六列为检验的 p 值,是根据 F 检验统计量的分布提出的.

在箱线图中,X 的每一列对应一个箱线图,从各个箱子中线之间的差异可以看出 F 检验统计量和检验的 p 值,较大的差异意味着较大的 F 值和较小的 p 值.

格式 2: p=anoval(X, group)

说明: 当 X 是一个矩阵时,anoval 函数会把 X 的每一列作为一个独立的组,检验各组所对应总体是否具有相同的均值. 输出参数 group 可以是字符串数组或字符串元胞数组,用来指定每组的组名, X 的每一列对应一个组名字符串,在箱线图中,组名字符串被作为箱线图的标签.

格式 3: p=anoval(X, group, displayopt)

说明: 通过 displayopt 参数指定是否显示方差分析表和箱线图,当 displayopt 参数设定为"on"(默认情况)时,显示方差分析表和箱线图;当 displayopt 参数设定为"off"时,不显示方差分析表和箱线图.

格式 4: [p, table, stats] = anoval(...)

说明: 返回元胞数组形式的方差分析表 table(即方差分析表中的数据),一个结构体变量 stats,用于进行后续的多重分析. anoval 函数用来检验各总体是否具有相同的均值,当拒绝了原假设,认为各总体的均值不完全相同时,通常还需要进行两两的比较检验,以确定哪些总体均值间的差异是显著的,这就是所谓的多重比较.

当 anova1 函数给出的结果拒绝了原假设,则在后续的分析中,可以调用 multcompare 函数,把 stats 作为它的输入,进行多重比较.

方差分析要求 X 中的数据满足下面的假设条件:

(1)所有样本数据满足正态分布条件;

(2)所有样本数据具有相同的方差.

在基本满足上述两个假设条件的情况下,一般认为 anova 检验是稳健的.

例 5-12 随机生成服从参数 $\mu=1$, $\sigma=2$ 的正态分布的 20 行 5 列随机数,并对其进行方差分析.

解 MATLAB 程序:

```
score=normrnd(1,2,20,5);
p=anova1('score')
```

运行结果:

```
p =
    0.8248
```

p 值为 0.8248 大于 0.05 表明各列数据之间无显著性差异. 其标准方差分析表和箱线图如图 5-6 和图 5-7 所示.

ANOVA Table

Source	SS	df	MS	F	Prob>F
Columns	55.361	19	2.91374	0.68	0.8248
Error	341.274	80	4.26593		
Total	396.635	99			

图 5-6　标准方差分析表

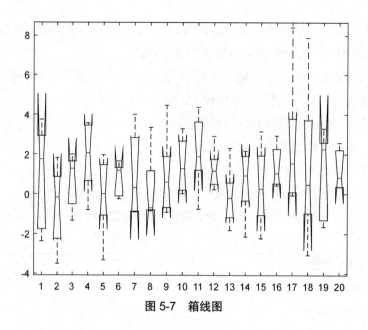

图 5-7　箱线图

例 **5-13**　一位教师想检查三种不同的教学方法的效果,为此随机选取了水平相当的 15 位学生.把他们分为三组,每组 5 人,每组用一种方法教学,一段时间后,这位教师对这 15 位学生的成绩进行统计,统考成绩(单位:分)见表 5-5.

表 5-5　例 5-13 数据

方法	成绩				
甲	75	62	71	58	73
乙	81	85	68	92	90
丙	73	79	60	75	81

要求检验这三种教学方法的效果有没有显著性差异.

解　MATLAB 程序:

score=[75,62,71,58,73;81,85,68,92,90;73,79,60,75,81]';

p=anova1(score)

运行结果:

p =

0.0401

从运行结果可以看出, p 值小于 0.05,拒绝零假设,认为这三种教学方法的效果存在显著性差异.其方差分析表和箱线图如图 5-8 和图 5-9 所示.

ANOVA Table					
Source	SS	df	MS	F	Prob>F
Columns	604.93	2	302.467	4.26	0.0401
Error	852.8	12	71.067		
Total	1457.73	14			

图 5-8　方差分析表

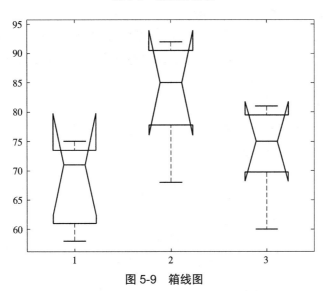

图 5-9　箱线图

2. 双因子方差分析

MATLAB 统计工具箱中提供了 anova2 函数,用来做双因子方差分析,其调用格式如下.

格式 1:p=anova2(X, reps)

说明:根据样本观测值矩阵 X 比较样本中两列或两列以上和两行或两行以上的均值, X 的每一列对应因素 A 的一个水平,每行对应因素 B 的一个水平, X 还应满足方差分析的基本假定;reps 表示因素 A 和 B 的每一个水平组合下重复实验的次数,即在因素 A 下,因素 B 测量的次数,缺省值为 1.

anova2 函数检验矩阵 X 的各列是否具有相同的均值,即检验因素 A 对实验指标的影响是否显著,原假设为:

H0A:X 的各列具有相同的均值(或因素 A 对实验指标的影响不显著).

anova2 函数还检验矩阵 X 的各行是否具有相同的均值,即检验因素 B 对实验指标的影响是否显著,原假设为:

H0B:X 的各行具有相同的均值(或因素 B 对实验指标的影响不显著).

参数 reps 的取值大于 1(默认值为 1),anova2 函数还检验因素 A 和因素 B 的交互作用是否显著,原假设为:

H0AB:A 和 B 的交互作用不显著.

anova2 函数返回检验的 p 值,若参数 reps 的取值等于 1,则 p 是一个包含 2 个元素的行向量;若参数 reps 的取值大于 1,则 p 是一个包含 3 个元素的行向量,其元素分别是与 H0A, H0B, H0AB 对应的检验的 p 值. 当检验的 p 值小于或等于给定的显著性水平时,应拒绝原假设.

anova2 函数还生成一个图形,用来显示一个标准的双因子方差分析表. 方差分析表把数据之间的差异分为三部分(当 reps=1 时)或四部分(当 reps=2 时).

格式 2: p=anova2(X, reps, displayopt)

说明: 通过 displayopt 参数指定是否显示带有标准双因子方差分析表的图形窗口,当 displayopt 参数设置为"on"(默认情况)时,显示方差分析表;当 displayopt 参数设定为"off"时,不显示方差分析表.

格式 3: [p, table] = anova2(……)

说明: 返回元胞数组形式的方差分析表 table(包含列标签和行标签).

格式 4: [p, table, stats] =anova2(……)

说明: 返回一个结构体变量 stats,用于进行后续的多重比较.

例 5-14 对三种人群进行四种不同任务的反应时间进行测试,测试数据(单位:秒)如表 5-6 所示. 要研究这四项任务和这三种人群对任务的反应时间是否有显著影响.

表 5-6 例 5-14 数据

	分组 1	分组 2	分组 3
任务 1	108.2	106.5	115.5
任务 2	84.9	104.2	101.5
任务 3	120.6	130.7	73.9
任务 4	135.7	105.8	88.3

解 MATLAB 程序:

```
% 在分组 1 下,任务 1 重复测量的次数为 1,因此 reps=1.
clc;clear;
X=[108.2,106.5,115.5;84.9,104.2,101.5;
120.6,130.7,73.9;135.7,105.8,88.3];
p=anova2( X )
```

运行结果:

```
p =
    0.4302    0.8278
```

```
                                       ANOVA Table
Source       SS       df      MS       F      Prob>F
-------------------------------------------------------
Columns     796.41     2    398.203   0.97    0.4302
Rows        362.36     3    120.786   0.3     0.8278
Error      2453.15     6    408.859
Total      3611.92    11
```

图 5-10　方差分析表

从运行结果可知,分组和分任务对应的 p 值为 0.4302 和 0.8278,均大于 0.05,所以可以认为分组和任务对反应时没有显著性影响. 其方差分析表如图 5-10 所示.

例 5-15　有 4 项任务分别对 3 个年龄段儿童进行测试,测试的反应时间(单位:秒)如表 5-7 所示. 要求检验任务和年龄段的交互效应是否对反应时间有显著性影响.

表 5-7　例 5-15 数据

	年龄段 1		年龄段 2		年龄段 3	
任务 1	58	52	56	40	65	60
任务 2	50	42	54	50	42	48
任务 3	61	55	68	70	51	41
任务 4	72	68	59	51	50	42

解　MATLAB 程序:

```
clc;clear;
X=[58,56,65;52,40,60;50,54,42;42,50,48;
   61,68,51;55,70,41;72,59,50;68,51,42];
p=anova2( X,2 )
```

运行结果:

```
p =
    0.0421    0.0293    0.0034
```

```
                                       ANOVA Table
Source         SS       df      MS        F      Prob>F
---------------------------------------------------------
Columns       249.25     2    124.625   4.17    0.0421
Rows          380.13     3    126.708   4.24    0.0293
Interaction  1135.75     6    189.292   6.34    0.0034
Error         358.5     12     29.875
Total        2123.63    23
```

图 5-11　方差分析表

从运行结果可知,年龄段、任务和二者交互效应对应的 p 值分别为 0.0421、0.0293、0.0034,三者均小于 0.05,所以拒绝三个零假设.第一个值 0.0421 表明至少有一个列样本均值明显与其他列样本均值不同;第二个值 0.0293 表示至少有一个行样本均值明显与其他行样本均值不同;第三个值 0.0034 表示存在交互效应.因此认为任务、年龄段和二者的交互效应对于反应时间都有显著性影响.其方差分析表如图 5-11 所示.

5.3.3 参数估计

统计推断就是通过样本对总体的特征进行估计、推断和预测.若总体的分布类型已知,而其中的某些参数未知,需要由样本对未知参数进行估计,就属于参数估计.

1. 矩估计法

矩估计法,亦称数字特征法,是用样本原点矩估计总体原点矩的一种估计方法.

例 5-16 随机取 8 个活塞环,测得它们的直径(mm)分别为 49.4255,50.4998,49.5159,50.2384,50.7782,50.9243,50.5881,51.3779,设活塞环直径服从正态分布,估计总体的均值和方差.

解 MATLAB 程序:

```
clc; clear;
x=[49.4255,50.4998,49.5159,50.2384,50.7782,50.9243,50.5881,51.3779];
mu=sum( x )/length( x )
% 总体方差的矩估计是样本的二阶中心矩
fangcha=moment( x,2 )
```

运行结果:

```
mu =
    50.4185
fangcha =
    0.3968
```

2. 极大似然估计

极大似然估计是在总体分布已知的情况下,根据“概率最大的事件,发生的可能性也最大”的原理,求总体分布所含有的未知参数的点估计的方法.其调用格式如下:

格式 1:p=mle(data,'distribution' , ' 分布名称 ')

格式 2:p=mle(data,'pdf' ,自定义概率密度函数,'start',猜测的分布参数值)

格式 3:[p,pci]=mle(……)

例 5-17 随机生成 1000 个满足参数为 0 和 2 的正态分布的随机数,以这些数作为样本观测值,通过极大似然估计方法估计正态分布的参数.

解 MATLAB 程序:

```
clc; clear;
```

x=normrnd(0,2,1,1000);

[p,pci]=mle(x,'distribution','norm')

运行结果:

p =

    -0.1138   1.9984

pci =   % 第一列对应 mu 的置信区间,第二列为标准差 sigma 的置信区间

    -0.2378   1.9155

    0.0103   2.0911

从运行结果可知,估计值非常接近真实值,并且两个置信区间长度也很小.

例 5-18 设总体 X 的概率密度函数为 $f(x,\theta) = \begin{cases} \sqrt{\theta}x^{\sqrt{\theta}-1}, & 0 < x < 1 \\ 0, & \text{other} \end{cases}$,其中 $\theta > 0$ 为未知参数,0.7663,0.1350,0.0649,0.6724,0.4822,0.4954,0.3135,0.3235,0.9091,0.4503 为来自这个总体的样本,采用极大似然估计方法估计 θ 的值.

解 MATLAB 程序:

```
clc; clear;
x= [0.7663,0.1350,0.0649,0.6724,0.4822,
0.4954,0.3135,0.3235,0.9091,0.4503];
mypdf=@( x,theta )( sqrt( theta )*x.^( sqrt( theta )-1 ));
[p,pci]=mle( x,'pdf',mypdf,'start',1 )
```

运行结果:

p =

    0.9972

pci =

    -0.2389

    2.2334

θ 的极大似然估计方法估计值为 0.9972,其 95% 的置信区间为 [-0.2389,2.2334].

3. 正态分布的参数估计

MATLAB 统计工具箱中提供了具体函数的参数估计,对正态分布总体的参数估计函数的调用格式如下.

格式:[mu,sigma,muci,sigmaci] =normfit(x,alpha)

说明:返回正态总体的均值、标准差的极大似然估计值 mu 和 sigma 以及在显著性水平 alpha 下的均值和标准差的置信区间 muci 和 sigmaci,x 为样本(数组或矩阵),alpha 为显著性水平,默认为 0.05.

例 5-19 随机从一批零件中抽取 12 件,测得长度(单位:cm)如表 5-8 所示.设零件长

度服从正态分布 $N(\mu,\sigma^2)$，计算 μ,σ 的极大似然估计值以及置信水平为 95% 的置信区间.

表 5-8　例 5-19 数据

1	2	3	4	5	6	7	8	9	10	11	12
2.14	2.10	2.13	2.15	2.13	2.12	2.10	2.15	2.12	2.10	2.11	2.13

解　MATLAB 程序：

```
clc;clear;
x=[2.14,2.10,2.13,2.15,2.13,2.12,2.10,2.15,2.12,2.10,2.11,2.13];
[mu,sigma,muci,sigmaci]=normfit( x )   %alpha 缺省时取 0.05
```

运行结果：

```
mu =
        2.1233
sigma =
        0.0183
muci =
        2.1117
        2.1349
sigmaci =
        0.0129
        0.0310
```

置信水平为 95% 时，均值和标准差的极大似然估计值分别为 $\hat{\mu}=2.1233$，$\hat{\sigma}=0.0183$，均值及标准差的置信区间分别为 [2.1117,2.1349] 和 [0.0129,0.0310].

例 5-20　采用 normrnd 函数随机生成满足正态分布 $N(10,2^2)$ 的两组数，通过对这两组数进行参数估计，返回估计值与置信水平为 95% 的置信区间.

解　MATLAB 程序：

```
clc;clear;
x=normrnd( 10,2,100,2 );   % 随机生成满足 N(10,2²) 的 100 行 2 列的数
[mu,sigma,muci,sigmaci]=normfit( x )
```

运行结果：

```
mu =
        10.0959     9.7460
sigma =
        1.7370     1.8894
```

muci =

    9.7512   9.3711

    10.4405   10.1209

sigmaci =

    1.5251   1.6589

    2.0178   2.1949

从运行结果可以看出, mu 和 sigma 的估计值与真实值误差不大.

例 5-21　随机取 8 个活塞环, 测得它们的直径(mm)分别为 74.001, 74.005, 74.003, 74.001, 74.000, 73.998, 74.006, 74.002, 设活塞环测量直径服从正态分布, 用最大似然估计法估计总体的方差.

解　MATLAB 程序:

```
clc
clear
data=[74.001,74.005,74.003,74.001,74.000,73.998,74.006,74.002];
[mu,sigma,muci,sigmaci]=normfit( data )
d=sigma^2
```

运行结果:

mu =

    74.0020

sigma =

    0.0026

muci =

    73.9998

    74.0042

sigmaci =

    0.0017

    0.0053

d =

    6.8571e−06

从运行结果可以看出, 活塞环直径服从 $N(74.002, 6.8571 \times 10^{-6})$

4. 指数分布的参数估计

格式: [lamda, lamdaci] =expfit(x, alpha)

说明: 返回指数分布的极大似然估计值 lamda 及置信区间 lamdaci.

例 5-22　设总体 X 服从参数为 λ 的指数分布, 0.5790, 3.3721, 4.9320, 3.1498, 1.1635, 0.8259, 0.1254, 6.4255, 3.6199, 1.6505 为来自总体的样本, 通过 expfit 函数估计参数 λ 的值.

解 MATLAB 程序：

```
clc;clear;
x=[0.5790,3.3721,4.9320,3.1498,1.1635,0.8259,0.1254,6.4255,3.6199,1.6505];
[lamda,lamdaci]=expfit( x )
```

运行结果：

```
lamda =
    2.5844
lamdaci =
    1.5127
    5.3893
```

从运行结果可知，参数 λ 的极大似然估计值为 2.5844.

5. 均匀分布的参数估计

格式：[a,b,aci,bci]=unifit(x,alpha)

说明：返回均匀分布的极大似然估计值 a,b 及置信区间 [aci,bci].

例 5-23 设总体 X 在区间 $[a, b]$ 上服从均匀分布，a 和 b 为未知参数，2.4454，2.4814，4.1532，4.0247，3.0756，2.2714，2.0247，3.1183，4.3649，3.3419 为来自总体的样本. 求区间端点 a 和 b 的极大似然估计值.

解 MATLAB 程序：

```
clc; clear;
x=[2.4454,2.4814,4.1532,4.0247,3.0756,2.2714,2.0247,
3.1183,4.3649,3.3419];
[a,b,aci,bci]=unifit( x )
```

运行结果：

```
a =
    2.0247
b =
    4.3649
aci =
    1.2073
    2.0247
bci =
    4.3649
    5.1823
```

5.3.4 假设检验

1. 总体方差已知

当总体方差 σ^2 已知时,均值的检验用 U 检验法,在 MATLAB 中由 ztest 函数来实现,其调用格式如下.

格式: [h,sig,ci]=ztest(x,mu,sigma,alpha,tail)

说明: 输入参数 x 为样本数据;mu 是原假设 H_0 中的 μ_0;sigma 是总体标准差 σ;alpha 是显著性水平;tail 是备择假设 H_1 的选择,tail 取 0 表示双边检验($H_1 : \mu \neq \mu_0$)(缺省值),1 表示右边检验($H_1 : \mu > \mu_0$),-1 表示左边检验($H_1 : \mu < \mu_0$);返回值 h 返回 1 表示拒绝 H_0,返回 0 表示接受 H_0;sig 返回拒绝概率的临界值,sig< α 时 h=1;ci 为真正均值 μ 的 1-alpha 置信区间.

例 5-24 某车间用一台包装机包装葡萄糖,包得的袋装糖重是一个随机变量,它服从正态分布.当机器正常时,其均值为 0.5 kg,标准差为 0.015.某日开工后检验包装机是否正常,随机地抽取所包装的糖 9 袋,称得净重(kg)分别为 0.497,0.506,0.518,0.524,0.498,0.511,0.52,0.515,0.512.确定机器是否正常?(α =0.05)

解 总体 μ 和 σ 已知,该问题是当 σ 为已知时,在显著性水平为 0.05 条件下,根据样本值判断 μ 是否为 0.5.为此提出以下假设.

原假设: $H_0 : \mu = 0.5$

备择假设: $H_1 : \mu \neq \mu_0$

```
>> X=[0.497,0.506,0.518,0.524,0.498,0.511,0.52,0.515,0.512];
>> [h,sig,ci]=ztest( X,0.5,0.015,0.05,0 )
```

运行结果:

```
h =
     1
sig =
     0.0248    % 样本观察值的概率
ci =
     0.5014   0.5210   % 置信区间,均值 0.5 在此区间之外
```

结果表明:h=1,说明在显著性水平为 0.05 条件下,拒绝原假设,即认为包装机工作不正常.

从运行结果可以得知,拒绝概率的临界值为 sig=0.0248,因此显著性水平如果小于此值, H_0 将会被接受.现取 α =0.02<sig 重新运行 ztest 函数.

```
>> [h,sig,ci]=ztest( X,0.5,0.015,0.02,0 )
```

h =

0

sig =

0.0248

ci =

0.4996   0.5229

结果表明:h=0,说明在显著性水平为 0.02 条件下,接受原假设,即认为包装机工作正常.

2. 总体方差未知

当总体方差 σ^2 未知时,均值的检验用 t 检验法,在 MATLAB 中由函数 ttest 来实现,其调用格式:

[h,sig,ci]=ttest(x,mu, alpha,tail)

与上面的函数 ztest 比较,除了不用输入总体的标准差以外,其余均一样.

例 5-25 某种电子元件的寿命 X(以小时计)服从正态分布,μ,σ 均未知. 现测得 16 个元件的寿命分别为 159,280,101,212,224,379,179,264,222,362,168,250,149,260,485,170,确定是否有理由认为元件的平均寿命大于 225(小时)?(α =0.05)

解 总体 μ 和 σ 均未知,在显著性水平为 0.05 条件下,根据样本值判断 μ 是否大于 225. 为此提出以下假设.

原假设:$H_0 : \mu > 225$

备择假设:$H_1 : \mu \leqslant \mu_0$

>> X=[159 280 101 212 224 379 179 264 222 362 168 250 149 260 485 170];

>> [h,sig,ci]=ttest(X,225,0.05,1)

运行结果显示:

h =

0

sig =

0.2570

ci =

198.2321   Inf   % 均值 225 在该置信区间内

结果表明:h=0,说明在显著性水平为 0.05 条件下应该接受原假设,即认为元件的平均寿命大于 225 小时.

习题 5

1.已知随机变量 $X\sim$ 指数分布, $\lambda=0.2$,求 $P\{X\leqslant 100\}$.

2.已知随机变量 $X\sim N(20,1)$,求 $P\{X>4\}$.

3.随机生成 9×3 整数矩阵,计算每列的均值、中值及标准差.

4.随机产生两列数据,每列数据有 100 个元素,求这两列数据的相关系数.

5.随机从一批零件中抽取 16 件,测得长度(单位:cm)为

2.14	2.10	2.13	2.15	2.13	2.12	2.13	2.10
2.15	2.12	2.14	2.10	2.13	2.11	2.14	2.11

设零件长度服从正态分布 $N(\mu,\sigma^2)$,其中 μ,σ^2 均为未知参数,求 μ,σ 的极大似然估计值以及置信水平为 95% 的置信区间.

6.在工艺革新前,一炼钢厂铁水的含碳量 $X\sim N(\mu, 0.112^2)$.现在从工艺革新后冶炼的一炉铁水中提取 7 份试样,测定其含碳量,得到如下数据:

4.421	4.052	4.357	4.394	4.326	4.287	4.683

在显著性水平 $\alpha=0.005$ 下,检验工艺革新后铁水含碳量的标准差是否有显著性变化.

7.有三个平行班,某次举行 MATLAB 可视化程序设计考试,考试成绩如下:

C1	85	62	89	89	95	91	85	65	88	86	89	95	94	92	91	90
C2	80	76	82	55	79	75	74	72	82	84	80	90	68	70	58	82
C3	86	77	84	95	93	87	80	90	82	77	85	98	90	62	84	95

检验这三个班的成绩有没有显著性差异.

8.对于某次评优选拔主要考虑 4 种能力及两次测试,得到以下数据:

	甲		乙		丙	
能力 1	78.2	72.6	76.2	71.2	75.3	70.8
能力 2	89.1	72.8	84.1	71.4	82.1	78.4
能力 3	80.1	58.6	80.8	64.2	90.5	61.2
能力 4	75.8	71.4	78	70.5	77.8	72.5

检验各自变量和自变量的交互效应是否对选拔有显著性影响.

第 6 章　插值、拟合

在数值计算、工程计算、实验研究中,经常会有这样的一种情况,即用户已经掌握了一些数据,但还需要一些与之相关的数据,而这些数据不得不依靠数学手段来解决,就是对已经掌握的数据加以利用,用数学手段来获取与自己需要的数据相接近的数据,其中比较重要的手段就是进行数据的插值和拟合,从而得到连续曲线中间的数据.本章主要学习插值、拟合的一些 MATLAB 命令.

6.1　插值

在应用领域中,由有限个原始数据点,结合特定的方法,计算出更多数据点的方法称为插值.插值只能根据特定的方法计算出与原始数据点相关的新数据点,得不到原始数据点满足或逼近的函数表达式.下面仅仅介绍常用的一元插值和二元插值相关命令.

6.1.1　一元插值

一元插值是对二维平面中的点(x,y)进行插值,其调用格式如下:

（1）yi=interp1（x,y,xi,'linear'）　% 线性插值

（2）yi=interp1（x,y,xi,'spline'）　% 三次样条插值

（3）yi=interp1（x,y,xi,'cubic'）　% 三次多项式插值

说明:上述三个命令是通过不同的插值方法,根据原始数据点(x,y),求出在x_i的插值结果y_i.

例 6-1　表 6-1 给出了美国从 1900 年到 1990 年的人口数量(单位:百万),请通过三次样条插值的方法预测 2000 年美国人口的数量.

表 6-1　例 6-1 数据

年份	1900	1910	1920	1930	1940
人口数量	75.995	91.972	105.711	123.203	131.669
年份	1950	1960	1970	1980	1990
人口数量	150.697	179.323	203.212	226.505	249.633

解　MATLAB 命令:

　　clc;clear;

```
t=1900:10:1990;
y=[75.995      91.972      105.711   123.203      131.669
   150.697      179.323   203.212   226.505      249.633];
xi=2000
yi=interp1(t,y,xi,'spline')
x=1900:2030;
Y=interp1(t,y,x,'spline')
plot(t,y,'*',xi,yi,'o',x,Y)
legend('原始点','预测点')
```

运行结果（图 6-1）：

```
yi =
    270.6060
```

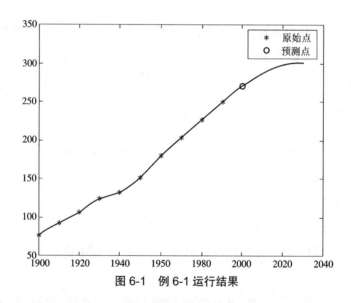

图 6-1　例 6-1 运行结果

例 6-2　采用不同的插值方法对表 6-2 中的数据进行插值并绘图.

表 6-2　例 6-2 数据

x	0.1	0.2	0.3	0.4	0.5	0.6	0.7	0.8
y	0.95	0.85	0.7	0.5	0.6	0.8	1.0	1.2

解　MATLAB 命令：

```
clc;clear;
x=0.1:0.1:0.8;
y=[0.95 0.85 0.7 0.5 0.6 0.8 1.0 1.2];
```

162

```
xi=0.1:0.01:0.9;
y1=interp1( x,y,xi,'linear' );
y2=interp1( x,y,xi,'spline' );
y3=interp1( x,y,xi,'cubic' );
subplot( 2,2,1 )
plot( x,y,'o',xi,y1 )
title( 'linear' )
axis( [0 1 0.4 1.3] )
subplot( 2,2,2 )
plot( x,y,'o',xi,y2 )
title( 'spline' )
axis( [0 1 0.4 1.3] )
subplot( 2,2,3 )
plot( x,y,'o',xi,y3 )
title( 'cubic' )
axis( [0 1 0.4 1.3] )
```

运行结果如图 6-2 所示.

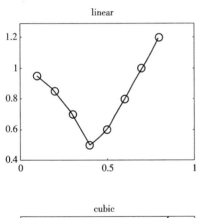
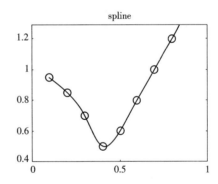
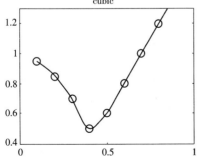

图 6-2　例 6-2 运行结果

从图 6-2 可以看到,采用线性插值方法得到的插值曲线相邻两点间用直线段连接,在数据点处是不光滑的;而采用三次样条插值和三次多项式插值方法得到的插值曲线在数据点处是光滑的.

例 6-3　利用样条插值模拟函数 $y=\mathrm{e}^{-|x|}$.

解　MATLAB 程序:

```
clc;clear;clf
x=-5:1:5;
y=exp(-abs(x));
plot(x,y,'*');   %采取函数上的样本点
hold on
x1=-5:0.1:5;
y1=exp(-abs(x1));
plot(x1,y1,'r-.');   %绘制函数曲线
hold on
Xi=-5:0.1:5;
Yi=interp1(x,y,Xi,'spline');
plot(Xi,Yi);   %绘制插值曲线
legend('原始数据点','函数曲线','插值曲线')
```

运行结果如图 6-3 所示.

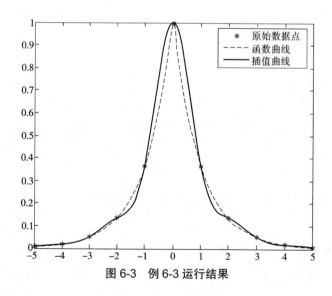

图 6-3　例 6-3 运行结果

6.1.2　二元插值

二元插值与一元插值的基本思想一致,都是根据原始数据点(x,y,z),通过特定的方法得到与原始数据点相关联的新数据点.

1. 单调节点插值函数

单调节点插值函数要求原始数据点中的 x,y 必须是单调的数据,其调用格式如下.

(1)zi=interp2(x,y,z,xi,yi,'linear') % 双线性插值

(2)zi=interp2(x,y,z,xi,yi,'nearest') % 最近邻域插值

(3)zi=interp2(x,y,z,xi,yi,'spline') % 三次样条插值

说明:

(1)x,y 可以是向量也可以是矩阵,当 x,y 为向量时,它们是由原始数据点的横、纵坐标构成的网格向量,其中 x 是行向量,y 是列向量,并且它们必须是单调的, z 是由原始数据点的高度坐标构成的矩阵,满足 $z(i,:)=f(x,y(i)),z(:,j)=f(x(j),y)$,即 $z(i,j)$ 由向量 x 的第 j 个元素和向量 y 的第 i 个元素确定;当 x,y 为矩阵时,它们是由原始数据点横、纵坐标构成的网格矩阵,z 是由原始数据点高度坐标构成的矩阵,并且 x,y,z 必须是同维数的.

(2)xi, yi 是插值数据点横、纵坐标构成的网格向量或网格矩阵,如果 xi, yi 为向量,则 xi 是行向量,yi 是列向量.

例 6-4 已知某曲面测量数据为

x=[-3 -2 -1 0 1 2 3],y=[-3 -2 -1 0 1 2 3],

z=[18   13   10   9   10   13   18

     13   8   5   4   5   8   13

     10   5   2   1   2   5   10

      9   4   1   0   1   4   9

     10   5   2   1   2   5   10

     13   8   5   4   5   8   13

     18   13   10   9   10   13   18]

对数据进行插值加密形成曲面图形.

解 MATLAB 程序:

```
clc;clear;clf
x=-3:3;y=x';   %x,y 为网格向量,y 必须为列向量
z=[ 18    13    10    9    10    13    18
     13     8     5    4     5     8    13
     10     5     2    1     2     5    10
      9     4     1    0     1     4     9
     10     5     2    1     2     5    10
     13     8     5    4     5     8    13
     18    13    10    9    10    13    18
];
xi=-3:0.5:3;
```

```
yi=xi';   %xi,yi 为网格向量,其中 yi 必须为列向量
% 上述 xi,yi 的生成也可以有下述语句
%[xi,yi]=meshgrid( xi );
zi1=interp2( x,y,z,xi,yi,'linear' );
zi2=interp2( x,y,z,xi,yi,'nearest' );
zi3=interp2( x,y,z,xi,yi,'spline' );
subplot( 2,2,1 )
mesh( x,y,z )
title( '未经插值的原始点构成的曲面' )
subplot( 2,2,2 )
mesh( xi,yi,zi1 )
title( '通过双线性插值构成的曲面' )
subplot( 2,2,3 )
mesh( xi,yi,zi2 )
title( '通过最邻近插值构成的曲面' )
subplot( 2,2,4 )
mesh( xi,yi,zi3 )
title( '通过三次样条插值构成的曲面' )
```

运行结果如图 6-4 所示.

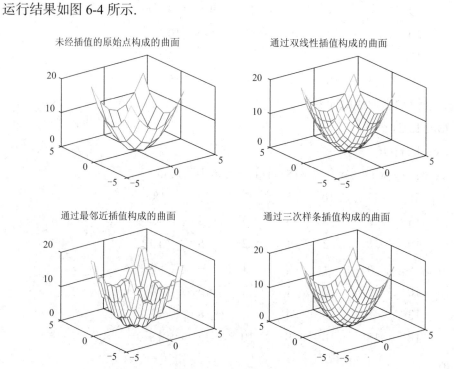

图 6-4　例 6-4 运行结果

166

2. 二元非单调插值

若原始数据点的横、纵坐标不是单调的,则不能直接用 interp2 进行插值,对于这样的原始数据点可以采用 griddata 函数进行插值,其调用格式如下:

(1)zi=griddata(x,y,z,xi,yi,'linear') % 线性插值(默认)

(2)zi=griddata(x,y,z,xi,yi,'cubic') % 三次插值

(3)zi=griddata(x,y,z,xi,yi,'nearest') % 最近邻域插值

说明:

(1)当 x,y 单调时,x,y,z 的取值方式与 interp2 相同;当 x,y 不单调时,x,y,z 为原始数据点的横、纵、高度坐标构成的同维数的向量.

(2)当 xi,yi 为网格向量时(即 xi 为行向量,yi 为列向量),得到的 zi 为矩阵,其中 $zi(i,j)$ 由向量 xi 的第 j 个元素和向量 yi 的第 i 个元素确定;当 xi,yi 为同维数的向量时,得到的 zi 与 xi,yi 的维数一致.

例 6-5 对表 6-3 所示残缺数据进行插值,并绘制插值曲面.

表 6-3 例 6-5 数据

x ╲ y	0	1	2	3	4
1	*	85	42	63	*
2	49	69	70	*	85
3	*	*	88	55	79

解 MATLAB 程序:

```
clc;clear;
x=[1 2 3 0 1 2 4 2 3 4];
y=[1 1 1 2 2 2 2 3 3 3];
z=[85 42 63 49 69 70 85 88 55 79];
xi=-1:0.1:5;
yi=0:0.1:4;
yi=yi';
zi=griddata(x,y,z,xi,yi,'cubic');
scatter3(x,y,z);hold on
mesh(xi,yi,zi)
```

运行结果如图 6-5 所示.

例 6-6 随机生成曲面 $z=x^2+y^2$ 上的点,并以这些点为原始数据点进行插值,并绘制出插值曲面.

解 MATLAB 程序:

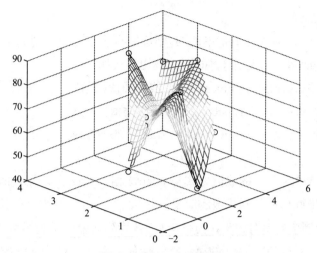

图 6-5 例 6-5 运行结果

```
clc;clear;clf;
x=rand(1,20)*10-5;
y=rand(1,20)*10-5;
z=x.^2+y.^2;
xi=-5:0.25:5;
yi=xi';
zi=griddata(x,y,z,xi,yi,'cubic');
subplot(1,2,1);stem3(x,y,z)
subplot(1,2,2);mesh(xi,yi,zi);
hold on;plot3(x,y,z,'o')
```

运行结果如图 6-6 所示.

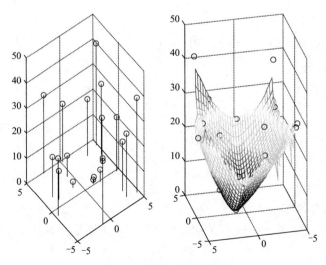

图 6-6 例 6-6 运行结果

6.2 曲线拟合

在很多科学研究中经常要根据实验数据建立数学模型,也就是对给定的数据用比较简单和满足相关物理意义的函数模型来逼近实验数据.这种通过数据点来确定函数的方法就称为数据拟合.下面介绍几种常用的数据拟合方法.

6.2.1 线性拟合函数 regress

用 regress 函数做的线性拟合也称为回归分析,是根据原始数据将线性函数 $y=b_0+b_1x_1+b_2x_2+\cdots+b_px_p$ 中的系数向量 $\boldsymbol{\beta}=[b_0,b_1,\cdots,b_p]$ 拟合出来的方法.

调用格式:

    b=regress(y,X)

    [b,bint,r,rint,stats]= regress(y,X)

    [b,bint,r,rint,stats]= regress(y,X,alpha)

    rcoplot(r,rint)   残差图

说明:

(1)b 为拟合出来的系数向量 $\boldsymbol{\beta}$; bint 为返回 $\boldsymbol{\beta}$ 的 1-alpha 的置信区间; r 为残差; rint 为每一个残差的 1-alpha 的置信区间; stats 为 1×4 检验统计向量,第一个值为方程的相关系数,越接近 1 越好,第二个值是 F 统计量值,越大越好,第三个值是与 F 值相对应的 p 值, p 很小,说明方程的系数不为 0,第 4 个值为剩余方差,越小越好.

(2)X=[ones(size(xi)), x1, x2,…, xp],当线性函数中无常数项时, X 中无 ones(size(xi))这一列.

例 6-7 请随机给出一组直线 $y=2+x$ 附近的点,对这组点进行拟合,并绘制出函数曲线以及拟合曲线.

解 MATLAB 程序:

```
clc;clear;clf
x=rand(10,1)*10-5;
y=2+x+randn(10,1);
plot(x,y,'*');   % 采取函数上的样本点
hold on
x1=-5:0.1:5;
y1=2+x1;
plot(x1,y1,'r-.');   % 绘制函数曲线
hold on
[b,bint,r,rint,stats]=regress(y,[ones(10,1),x]);
```

b,stats

xi=-5:0.1:5;

yi=b(1)+b(2)*xi;

plot(xi,yi); % 绘制拟合曲线

legend('原始数据点','函数曲线','拟合曲线')

运行结果如下：

b =

    2.1616

    1.0384

stats =

    0.9098   80.6983   0.0000   0.8650

可见系数基本估计正确，stats 中的第一个值显示拟合方程的置信度超过 90%.

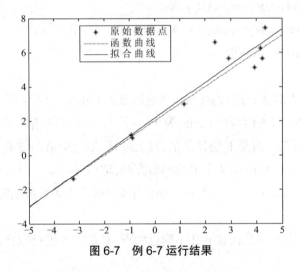

图 6-7　例 6-7 运行结果

例 6-8　某种水泥在凝固的时候放出热量（单位：卡 / 克）Y 与水泥中的四种化学成分所占百分比 X_i 满足某种线性关系，现测得 10 组数据如表 6-4 所示，请找到 Y 与 X_i 的线性表达式.

表 6-4　例 6-8 数据

	1	2	3	4	5	6	7	8	9	10
X_1	7	1	11	11	7	11	3	1	2	21
X_2	26	29	56	31	52	55	71	31	54	47
X_3	6	15	8	8	6	9	17	22	18	4
X_4	60	52	20	47	33	22	6	44	22	26
Y	78.5	74.3	104.3	87.6	95.9	109.2	102.7	72.5	93.1	115.9

解 MATLAB 程序：

```
clc;clear;
A=[ 7    1    11   11   7    11   3    1    2    21
    26   29   56   31   52   55   71   31   54   47
    6    15   8    8    6    9    17   22   18   4
    60   52   20   47   33   22   6    44   22   26
    78.5 74.3 104.3 87.6 95.9 109.2 102.7 72.5 93.1 115.9
];
X=A(1:4,:)';
y=A(5,:)';
[b,bint,r,rint,stats]=regress(y,X);
b,stats
```

运行结果：

```
b =
    2.1162
    1.1984
    0.6165
    0.4936

stats =
    0.9869   108.2672    0.0000    6.1525
```

由结果可知 $Y=2.1162X_1+1.1984X_2+0.6165X_3+0.4936X_4$，并且置信度超过 98%.

6.2.2 稳健回归函数 robustfit

regress 函数利用普通最小二乘法估计模型中的参数,参数的估计值受异常值的影响比较大. robustfit 函数采用加权最小二乘法估计模型中的参数,受异常值的影响比较小. robustfit 函数用来作稳健的多重线性或广义线性回归分析,其常用的调用格式如下：

b = robustfit(X,y)

b = robustfit(X,y,wfun,tune,const)

[b,stats] = robustfit(…)

说明：

（1）b 返回系数估计向量,stats 返回各种参数,它的字段包含了用于模型诊断的统计量.

（2）wfun 用于指定加权函数；tune 用于指定调节常数；const 用于控制模型中是否包含常数项,若 const 取值为"on"或 1,则模型中包含常数项,此时自动在 X 第 1 列的左边加入一列 1,若 const 取值为"off"或 0,则模型中不包含常数项,此时不改变 X 的值.

（3）X 为自变量观测值矩阵,不用在第一列加一列 1,系统会自动加入；y 为因变量的观测值向量,是列向量.

例 6-9 给定数据表如 6-5 所示.

表 6-5　例 6-9 数据

x	0	2	4	6	8	10	12	14	16
y	0	1.9	3.9	6.1	8.2	10.4	11.8	13.5	0

请分别用 regress 函数和 robustfit 函数对上述点建立线性模型,并画出对应的图形.

解　MATLAB 程序:

```
clc;clear;clf
x=0:2:16;
y=[0 1.9 3.9 6.1 8.2 10.4 11.8 13.5 0]';
plot(x,y,'o');hold on
b1=regress(y,[ones(size(y)),x']);
b2=robustfit(x',y');
xi=0:0.1:17;yi1=b1(1)+b1(2)*xi;
plot(xi,yi1,'r-.');hold on
yi2=b2(1)+b2(2)*xi;plot(xi,yi2);
legend('原始数据点','regress 拟合曲线','robustfit 拟合曲线')
```

运行结果如图 6-8 所示.

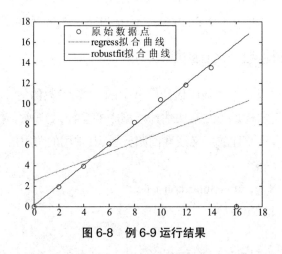

图 6-8　例 6-9 运行结果

从图 6-8 中可知,由于点(16,0)的突然变化使得 regress 函数拟合出的曲线比 robustfit 函数拟合出的曲线向点(16,0)靠近程度要大得多. 这是因为 regress 函数利用普通最小二乘法估计模型中的参数,参数的估计值受异常值的影响比较大. robustfit 函数采用加权最小二乘法估计模型中的参数,受异常值的影响比较小.

6.2.3 多项式曲线拟合

1. 多项式曲线拟合函数 polyfit

格式:p=polyfit(x,y,n)

[p,S]= polyfit(x,y,n)

说明:x,y 为数据点中的横、纵坐标;n 为多项式阶数;返回值 p 为幂次从高到低的多项式系数向量;S 包括 R,df 和 normr,分别表示对 x 进行 OR 分解三角元素、自由度、残差.

例 6-10 对 $y=\sin x$ 在 $[-\pi, \pi]$ 上生成 20 组数据,对这些数据用不同阶数的多项式进行拟合,并绘图比较.

解 MATLAB 程序:

```
clc;clear;clf
x=linspace( -pi,pi,20 );
y=sin( x );
plot( x,y,'ro' );    % 画出数据点
hold on
xi=linspace( -2*pi,2*pi,100 );
yi=sin( xi );
plot( xi,yi,'-' )    % 画出 sin( x )的曲线
hold on
p3=polyfit( x,y,3 );
pv3=poly2str( p3,'x' )   % 显示 3 阶多项式
yi3=polyval( p3,xi );    % 计算 3 次多项式在 xi 处的函数值
plot( xi,yi3,'r-.' )    % 绘制 3 阶多项式拟合曲线
hold on
p7=polyfit( x,y,7 );
pv7=poly2str( p7,'x' )   % 显示 7 阶多项式
yi7=polyval( p7,xi );
plot( xi,yi7,'b--' )    % 绘制 7 阶多项式拟合曲线
% hold on
% p7=polyfit( x,y,7 );
% yi7=polyval( p7,xi,'g-' );
% plot( xi,yi7 )
legend( '原始数据点 ',' 原函数曲线 ','3 阶多项式拟合曲线 ','7 阶多
        项式拟合曲线 ')
axis( [-7,7,-3,3] )
```

运行结果(图 6-9):

pv3 =

-0.088357 x^3 - 1.7094e-017 x^2 + 0.83525 x + 1.1561e-017

pv7 =

-0.00014594 x^7 - 1.261e-017 x^6 + 0.0079747 x^5 + 1.403e-016

x^4 - 0.16575 x^3 - 4.2604e-016 x^2 + 0.99938 x + 1.5475e-016

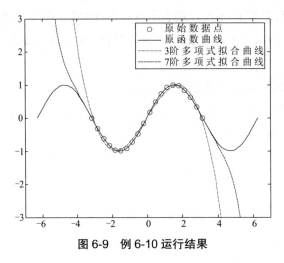

图 6-9 例 6-10 运行结果

由图 6-9 可知,3 阶多项式在 [-π, π] 有很好的拟合效果,7 阶多项式在 [-4, 4] 有很好的拟合效果,随着多项式阶数的增加,相应的区间长度也会增加.

2. 多项式曲线拟合的评价和置信区间函数

格式: [Y, DELTA]=polyconf(p, x, S)

[Y, DELTA]=polyconf(p, x, S, alpha)

说明: 函数用于求 polyfit 所得的拟合多项式在 x 处的预测值 Y 及预测值的显著性水平为 alpha 的置信区间 DELTA;alpha 缺省时为 0.05. 其中 p, S 为 polyfit 的返回值, x 为 polyfit 函数的 x 值相同.

例 6-11 随机给出一组 $y=x^2+1$ 附近的点,对其进行多项式拟合,并绘制处在置信度为 95% 的预测区间的拟合曲线.

解 MATLAB 程序:

```
clc;clear;clf
x=-5:5;
y=x.^2+1+randn( size( x ));
scatter( x, y );hold on
xi=-5:0.1:5;
yi=xi.^2+1;
plot( xi, yi, '-' );hold on
```

```
[p2,S]=polyfit( x,y,2 );
pv2=poly2str( p2,'x' )
[yi2,delta]=polyconf( p2,xi,S );
plot( xi,yi2,'--' );
hold on
plot( xi,yi2-delta,'-.' );
hold on
plot( xi,yi2+delta,'-.' );
hold on
legend(' 数据点 ',' 原始曲线 ',' 拟合曲线 ','95% 预测区间拟合 ')
```

运行结果如下：

pv2 =

      1.0346x^2 + 0.0039624x + 0.40458

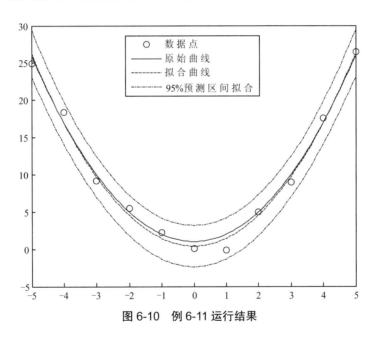

图 6-10　例 6-11 运行结果

6.2.4　最小二乘曲线拟合函数 lsqcurvefit

假设一组数据 (x_i,y_i)，$i=1,2,\cdots,n$，已知这组数据满足某一函数 $y=f(c,x)$，其中 c 为待定系数向量，则最小二乘曲线拟合的目的就是求出这一组待定系数的值，使得目标函数 $\sum_{i=1}^{n}[y_i-f(c,x_i)]^2$ 达到最小. 在 MATLAB 中提供了 lsqcurvefit 函数实现非线性最小二乘拟合，其调用格式如下：

    c=lsqcurvefit(fun,c0,x,y)

175

[c,resnorm]=lsqcurvefit(fun,c0,x,y)

[c,resnorm,residual,exitflag]=lsqcurvefit(fun,c0,x,y)

说明: fun 为拟合函数,x,y 为给定数据,c0 为待定系数的初始值,c 为拟合出来的待定系数向量;residual 为残差向量,resnorm 为残差的范数平方,exitflag 为终止迭代的条件信息.

例 6-12 用表 6-6 中的数据拟合函数 $y = c_1 + c_2 e^{c_3 x}$,其中 c_1, c_2, c_3 为待定系数.

表 6-6　例 6-12 数据

x	1	2	3	4	5	6	7	8	9	10
y	3.5	3.0	2.6	2.3	2.1	1.9	1.7	1.6	1.5	1.4

解　MATLAB 程序:

```
clear all;
x=1:10;
y=[3.5  3.0  2.6  2.3  2.1  1.9  1.7  1.6  1.5  1.4];
scatter( x,y,'*' );
hold on
c0=[1,1,0]
fun=inline( 'c( 1 )+c( 2 )*exp( c( 3 )*x )','c','x' );
[c,resnorm]=lsqcurvefit( fun,c0,x,y )
xi=1:0.1:10;
yi=fun( c,xi );
plot( xi,yi,'-.' )
legend( '原始点 ',' 最小二乘拟合曲线 ')
```

运行结果(图 6-11):

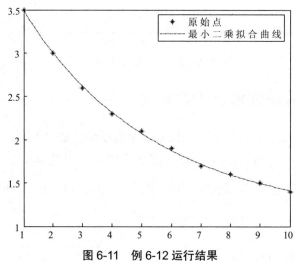

图 6-11　例 6-12 运行结果

c =

　　　1.0992　　　2.9910　　　−0.2249

resnorm =

　　　0.0031

6.2.5　自定义函数拟合 nlinfit

一般地,由于数据点的分布有时会呈现出某种规律性,人们给出了常用的拟合曲线形式,称为经验曲线. 当数据点的散点图的走势与某种经验曲线大致相同时,就可以用这种经验曲线来做曲线拟合. 对于这种根据经验曲线来拟合函数的问题,MATLAB 提供了 nlinfit 函数来解决这种问题. 其调用格式如下:

　　　c=nlinfit(x,y,'fun',c0)

　　　[c,r,J]=nlinfit(x,y,'fun',c0)

说明:x,y 为给定的数据点的横、纵坐标,fun 为被拟合曲线的函数名,c0 为参数初值;c 为返回参数估计值,r 为返回残差,J 为返回用于估计预测误差的雅可比矩阵.

例 6-13　请随机给出曲线 $y=a+(2-a)e^{b(x-5)}$($a=3$, $b=-0.02$)附近的 20 组数据点,然后通过非线性拟合的方法对参数进行拟合,并比较拟合曲线与原曲线之间的关系.

解　MATLAB 程序:

```
clear all;clf
fun=inline( 'c( 1 )+( 2-c( 1 ))*exp( c( 2 )*( x-5 ))','c','x' );　% 定义曲线方程
x=randn( 1,20 );　% 随机生成 20 个横坐标
y=fun( [3,-0.02],x );　% 计算纵坐标
stem( x,y,'o' )　　% 绘制原始点
hold on
[c1,r,J]=nlinfit( x,y,fun,[1,1] );　% 采用非线性拟合方法得到拟合参数值
[c2,r]=lsqcurvefit( fun,[1 1],x,y );　% 采用最小二乘拟合方法得到拟合参数
yi1=fun( c1,x );　% 由非线性拟合方法得到的参数值计算 x 的函数值
yi2=fun( c2,x );　% 由最小二乘拟合方法得到的参数值计算 x 的函数值
stem( x,yi1,'*' )
stem( x,yi2,'+' )
r1=norm( y-yi1 )
r2=norm( y-yi2 )　% 计算拟合值与真实值的残差向量的范数
```

运行结果(图 6-12):

　　　r1 =

　　　　　5.4390e−016

　　　r2 =

0.0061

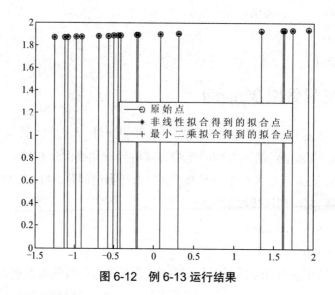

图 6-12　例 6-13 运行结果

由残差结果及图像中数据点可知,两者拟合效果都非常好.

习题 6

1. 应用函数 interp1，分别采用 linear、nearest、spline 和 cubic 参数，对曲线 $y=1+\cos x\sin 2x$ 上的点进行插值.

2. 应用函数 interp2，并采用三次样条插值函数对曲面 $z(x,y)=\sin(x)+\cos(y)$ 上的点进行插值.

3. 测得一组离散空间三维数据点如下表：

X	0.5	1.5	1.5	0.5	1.1	1.0
Y	0.5	0.5	1.5	1.5	1.2	0.8
Z	0.4	0.7	0.8	0.3	2.1	0.5

请在 $0<x<2$，$0<y<2$ 的范围内画出一覆盖上述空间点的三维空间曲面，并在图上标出这些数据点的空间位置（采用 griddata 函数进行插值）.

4. 有两列数据 x,y，请拟合适合表达此数据的多项式并作图.

x=[0 1 2 3 4 5 6 7 8 9 10 11]；

y=[-0.477, 1.978 3.28, 6.16, 7.08, 7.34, 7.66, 9.56, 9.48, 9.30, 11.2, 13]

5. 分别用二次多项式和三次多项式拟合函数 $y=\cos(x)$.

6. 下表给出了美国人口统计数据，根据这份资料预测 2020 年美国人口（百万）总数.

年份	1790	1800	1810	1820	1830	1840	1850	1860	1870	1880	1890
人口	3.9	5.3	7.2	9.6	12.9	17.1	23.2	31.4	38.6	50.2	62.9
年份	1900	1910	1920	1930	1940	1950	1960	1970	1980	1990	2000
人口	76.0	92.0	106.5	123.2	131.7	150.7	179.3	204.0	226.5	251.4	281.4

7. 已知实验数据如下表，用指数函数 $y=ae^{bx}$ 模拟，求 a,b 的值.

x	0	1	2	3	4	5
y	0.2097	0.3523	0.4339	0.5236	0.7590	0.8998

参考文献

[1] 胡良剑,孙晓君. MATLAB 数学实验. 北京:高等教育出版社,2006.

[2] 刘铁. 数学模型与实验. 北京:科学出版社,2018.

[3] 赵静,但琦. 数学建模与数学实验. 4 版. 北京:高等教育出版社,2014.

[4] 张德丰. MATLAB 数值分析. 北京:清华大学出版社,2016.

[5] 薛长虹,于凯. 大学数学实验:MATLAB 应用篇. 成都:西南交通大学出版社,2003.

[6] 杨晓叶. 线性代数. 天津:天津大学出版社,2018.

[7] 张玉环. 概率论与数理统计. 天津:天津大学出版社,2016.

[8] 徐兵. 高等数学(理工类). 2 版. 北京:高等教育出版社,2010.

[9] 姜启源,谢金星,叶俊. 数学模型. 3 版. 北京:高等教育出版社,2003.